平湖市环境保护志

《平湖市环境保护志》编纂委员会 编

广 陵 书 社

《平湖市环境保护志》编纂委员会

主　　任　周琪根

副 主 任　梁志强　吴敏奇　王玉冰　赵振宇　张大好

委　　员　金良观　张补林　顾德钧　陈保昌　吴惠斌

　　　　　姚金林　高忠燕　潘云峰　王　勇

《平湖市环境保护志》编辑人员

主　　编　顾德钧

编　　辑　吴惠斌　李金喜　周秀华　夏竹青

图书在版编目（CIP）数据

平湖市环境保护志 / 《平湖市环境保护志》编纂委员会编. -- 扬州 : 广陵书社, 2016.12

ISBN 978-7-5554-0670-9

Ⅰ. ①平… Ⅱ. ①平… Ⅲ. ①环境保护－概况－平湖 Ⅳ. ①X321.255.4

中国版本图书馆 CIP 数据核字（2016）第 300246 号

书　　名	平湖市环境保护志
编　　者	《平湖市环境保护志》编纂委员会
责任编辑	顾寅森
出版发行	广陵书社
	扬州市维扬路 349 号　　邮编 225009
	http://www.yzglpub.com　　E-mail:yzglss@163.com
印　　刷	浙江正方设计印刷有限公司
开　　本	787 毫米 ×1092 毫长　1/16
印　　张	13.75
字　　数	250 千字
版　　次	2016 年 12 月第 1 版第 1 次印刷
标准书号	ISBN　978-7-5554-0670-9
定　　价	80.00 元

国家环保总局副局长汪纪戎（左二）视察污染治理设施社会化专业化运营工作（2001 年 2 月）

省环保厅厅长徐震（中）检查平湖水环境整治工作（2009 年 9 月）

嘉兴市人大主任徐土珍（中）视察我市东片污水处理厂(2010年5月)

嘉兴市环保局局长章剑(左三)调研农村分散型污染减排试点工作(2010年4月)

市委书记盛全生调研污染减排工作(2009年7月)

市人大主任何大利(左一)、市长翁建荣(左三)等检查饮用水源保护区工作(2010年5月)

副市长胡志梁（左二）检查饮用水源保护区工作(2010年6月)

市社经室老同志调研环保工作(2012年3月)

省生态办检查平湖环保专项行动工作（2009 年 9 月）

嘉兴市生态市建设工作考核汇报会在平湖市召开（2009 年 12 月）

嘉兴市环境管理工作会议在平湖市召开 (2010 年 4 月)

嘉兴市运河水环境整治工作座谈会在平湖市召开 (2009 年 9 月)

全市生态建设暨节能减排工作会议 (2009 年 3 月)

生态市创建工作交流会 (2006 年 1 月)

平湖市绿色学校创建工作现场会（2010年4日）

村庄整治生活污水治理业务培训（2009年4月）

创建环保模范城市规划讨论会（2009年4月）

环保公安联合执法新闻发布会 (2012 年 7 月)

五方联动联席会议在平湖独山港镇召开（2012 年 5 月）

企业污水排放口采样检查（2012 年 7 月）

检查企业污水采样 (2010 年 10 月）

污水入网企业检查采样（2011 年 8 月）

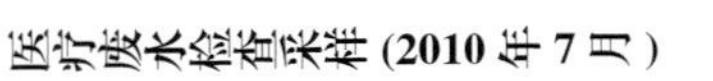

医疗废水检查采样（2010 年 7 月）

开展夜间抽查测试（2010 年 11 月）

公众环保监督员聘任仪式(2010 年 7 月)

公众环保监督员参与飞行执法检查(2010 年 8 月)

公众环保监督员参与企业检查（2010 年 11 月）

人大提案答复与代表现场见面（2009 年 5 月）

人大代表到企业专题调研 (2012 年 7 月)

人大代表到企业专题调研 (2012 年 7 月)

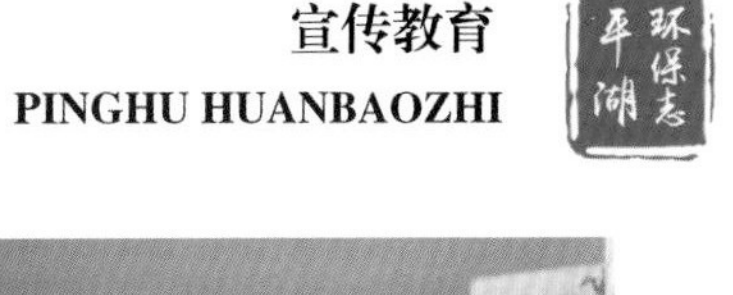

共产党员先进性教育 (2005 年 3 月)

作风建设年活动动员 (2012 年 4 月)

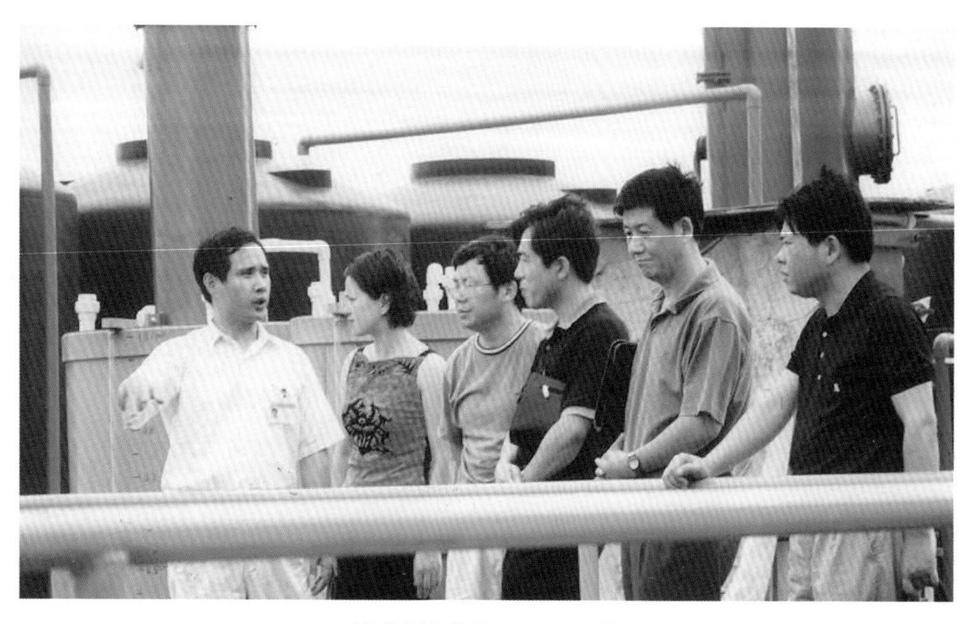

下企业征求意见 (2002 年 8 月)

环保政务公开 (2006 年 7 月)

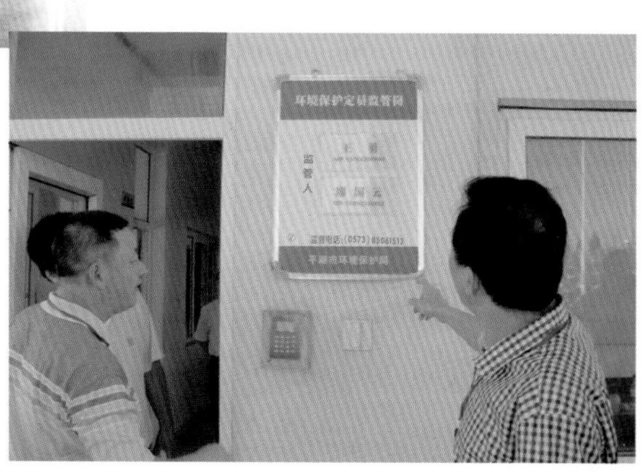

实施环保定员监管 (2012 年 7 月)

街头宣传(2001 年 6 月)

社区咨询(2005 年 3 月)

社区宣传 (2001 年 6 月)

生态创建成果展览 (2012 年 2 月)

开展“月度之星”评选

结对助学（1999 年 2 月）

结对帮困（2003 年 1 月）

文体活动

文体活动

文体活动

文体活动

东湖风光

东湖风光

东湖风光

东湖风光

城市一角

金色田野

城市一角

节日之夜

节日之夜

节日之夜

节日之夜

解放路景观街

解放路景观街

九龙山高尔夫球场一角

九龙山旅游度假区

南河头

嘉兴塘

黄姑塘

上海塘

海盐塘

广陈塘

嘉善塘市区段

乍浦塘

第一次全国污染源普查
先进集体
国务院第一次全国污染源普查领导小组办公室
环境保护部　国家统计局　农业部
二〇一〇年三月

荣誉证书
授予 平湖市环保局：
全省生态环境功能区规划编制工作先进集体。
浙江省环境保护局
二〇〇七年十二月

荣譽證書
平湖市环保办公室：
你单位被评为一九九二年度排污收费先进集体。特发此证，以资鼓励。
浙江省环境保护局
一九九三年五月二十日

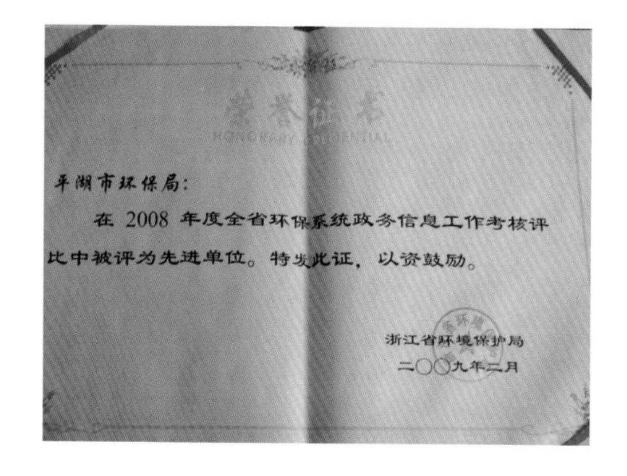
荣誉证书
平湖市环保局：
在 2008 年度全省环保系统政务信息工作考核评比中被评为先进单位。特发此证，以资鼓励。
浙江省环境保护局
二〇〇九年二月

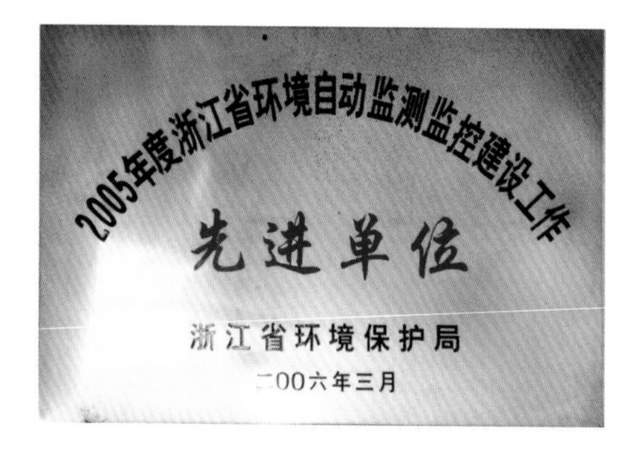
2005年度浙江省环境自动监测监控建设工作
先进单位
浙江省环境保护局
二〇〇六年三月

平湖市环境监察大队
二〇〇五年度模范大队
浙江省环境保护局

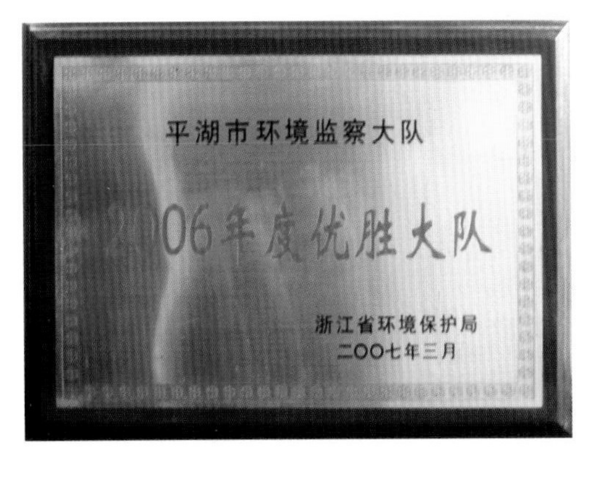
平湖市环境监察大队
2006年度优胜大队
浙江省环境保护局
二〇〇七年三月

平湖市环境监察大队
2009年度环境执法先进集体
嘉兴市环境保护局
二〇一〇年一月

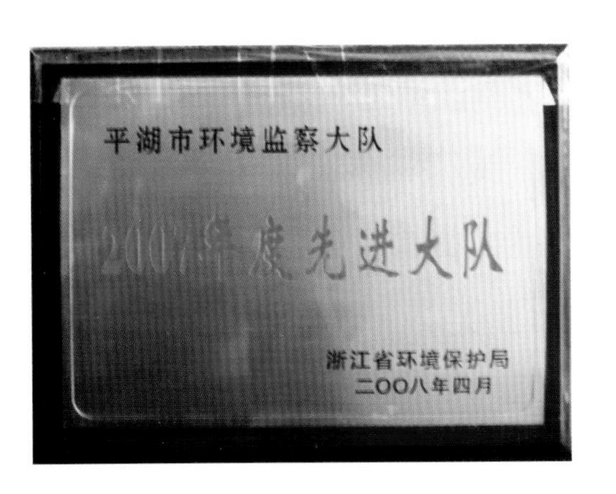
平湖市环境监察大队
度先进大队
浙江省环境保护局
二〇〇八年四月

2008年度市县(市、区)环保局目标责任制考核
优秀单位
嘉兴市环境保护局
二〇〇九年一月

卫生先进单位
嘉兴市爱国卫生运动委员会

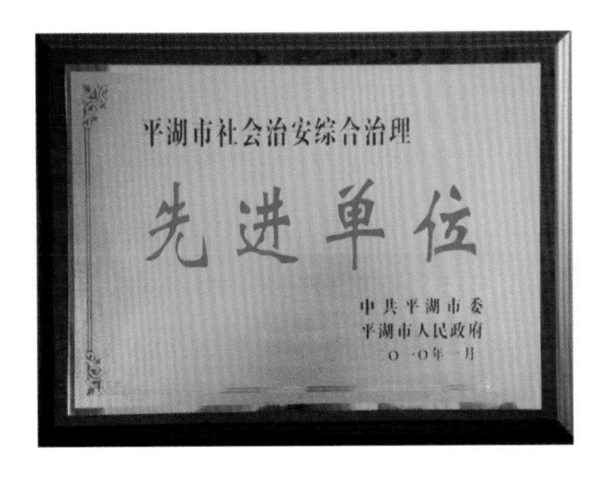
平湖市社会治安综合治理
先进单位
中共平湖市委
平湖市人民政府

省级园林城市创建工作
先进单位
平湖市人民政府
二○○七年三月

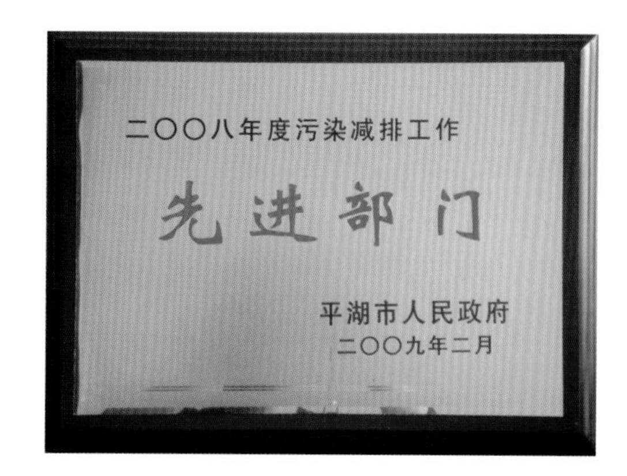
二○○八年度污染减排工作
先进部门
平湖市人民政府
二○○九年二月

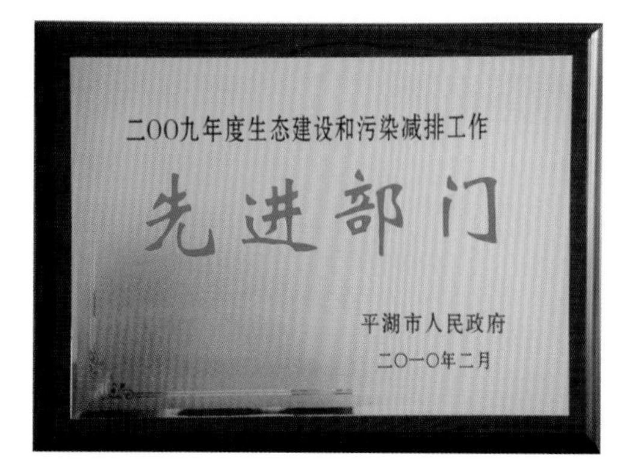
二00九年度生态建设和污染减排工作
先进部门
平湖市人民政府
二○一○年二月

二○○八年度统筹城乡发展推进城乡一体化工作
先进集体
中共平湖市委
平湖市人民政府
二○○九年二月

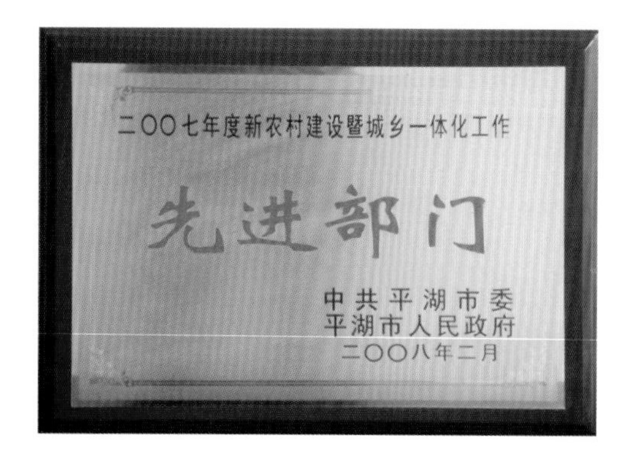
二○○七年度新农村建设暨城乡一体化工作
先进部门
中共平湖市委
平湖市人民政府
二○○八年二月

2006年度信访工作
先进集体
中共平湖市委
平湖市人民政府
二00七年一月

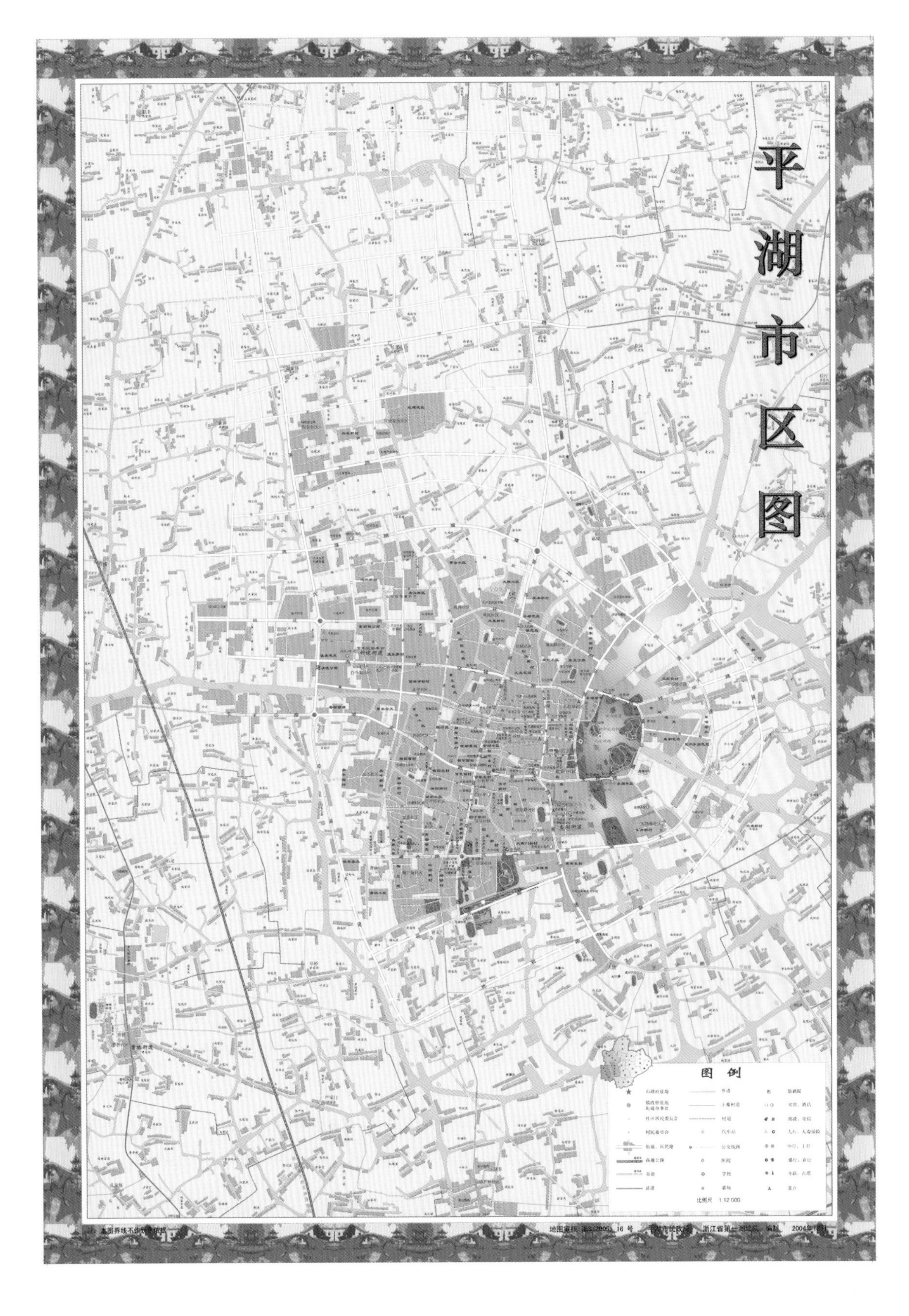
平湖市区图
图例
比例尺 1:12 000
注：本图界线不作划界依据
地图审核 浙S(2005) 16 号
平湖市民政局 浙江省第一测绘院 编制
2004年12月

平湖市政区图
图例
市(县、区)人民政府驻地
镇、街道办事处驻地
行政村驻地
省界
市(县、区)界
镇、街道界
铁路
高速公路
国道及编号
省道
县道
堤
河流、湖泊
渠道
桥梁、码头
沙滩、泥滩
绿化地
景点
港口
古炮台
注：本图界线不作划界依据
平湖市在长三角地理位置图
王盘山岛屿图
市政府
当湖街道
钟埭街道
曹桥街道
新埭镇
广陈镇
新仓镇
黄姑镇
全塘镇
林埭镇
乍浦镇
独山港镇
嘉善县
上海市
金山区
海盐县
秀洲区
杭州湾

序

盛世修志，志载盛世。《平湖市环境保护志》作为平湖市有史以来第一部记述环境保护工作的专业志书，几经寒暑，今天终于面世了。这是平湖环保工作历史上的一个重要时刻、一座里程碑，值得庆贺，值得纪念。

《平湖市环境保护志》记载了平湖市从1983年成立首个环境保护机构以来的一个个重要时刻，见证了平湖市环境保护队伍的诞生、成长、发展、壮大。本部志书共设七章，全面、客观、真实记录了1983—2005年间平湖市环境保护机构沿革、环境质量状况、环境保护监督管理、环境监测、生态环境建设、环境保护宣传教育和组织机构等方面的基本情况。

本部志书的出版，有助于各级领导干部全面了解我市环境保护工作的历史与现状，掌握实情，进行科学决策；有助于环保系统干部职工汲取历史经验，树立奋斗目标，再创环保佳绩。

在《平湖市环境保护志》成书之日，我们要特别感谢参加编撰工作和为这部志书提供资料和服务的同志。同时，也要感谢一直以来关心、帮助、指导环境保护工作发展的各级领导、各有关部门(单位)和各镇街道。

成绩只能代表过去，辉煌的未来还需一代代环保人努力创造。当前，正是加快推进生态文明建设的关键时期，我们将切实增强责任感和使命感，坚持绿水青山就是金山银山，深入持久推进生态文明建设，为建设江南水乡美丽“金平湖”而努力奋斗！

平湖市环境保护局局长　周琪根

2016年5月

凡　例

一、本志以马列主义、毛泽东思想、邓小平理论、“三个代表”重要思想和科学发展观为指导，遵循实事求是的原则，全面、客观记载平湖市环境保护的历史和现状。

二、本志记事上限追溯至事物之发端，下限为2005年，个别内容及图片下延(其中第七章内容下延至2012年)。

三、本志卷首设概述和大事记，专志共7章33节，志后设附录。记述形式均以文字为主体，辅以图、表、附录、照片。

四、本志所称“市”、“县”，特指“平湖市”、“平湖县”。1991年6月15日，平湖撤县设市，此日前称平湖县，此日后称平湖市。本志称其他市、县一律用全称。市政府驻地1999年6月前称城关镇，6月后改称当湖镇，2004年5月起称当湖街道。地名均以记事当时名称为准。

五、本志使用的数字、计量、纪年等均按国家规定的统一规范书写。

六、本志资料主要来源于市档案馆、市史志办、平湖县志、平湖年鉴及局档案室、局下属单位的有关资料及个别当事人、知情人提供的资料。文内一般不注明出处。

目 录

概 述

平湖是浙江沿海与上海接壤的一个县级市，地处浙江省杭嘉湖平原东北部，位于北纬30°35′—30°52′和东经120°57′—121°16′之间。南临杭州湾，东、北与上海市金山区交界，西与嘉兴市南湖区接壤，西南与海盐县为邻，西北与嘉善县相接。南北长约30.8公里，东西宽约30.6公里。全市陆域面积537平方公里，海域面积1086平方公里，海岸线长27公里，耕地面积47万亩。

平湖历史悠久，春秋时为越武原乡地。秦王政二十五年(公元前222)，置海盐县，今平湖市境为海盐县之一部分。秦末或西汉初，县治陷为柘湖，移治武原乡地域(今平湖市当湖街道东湖一带)。东汉永建二年(127)，县治陷为当湖，迁治齐景乡故邑山(今乍浦附近)。东晋咸康七年(341)，县治从故邑山移治马嗥城(今海盐县武原镇东南)。明宣德五年(1430)，从海盐县分出大易、武原、齐景、华亭四乡，建为平湖县。因其地汉时陷为当湖，"其后土脉坟起，陷者渐平，故名平湖"。以后，建置长期不变，境域基本稳定。

1949年5月11日平湖解放后，县境有三次变动。1950年调整区乡规模时，划骑莲乡10个村归海盐县，埭乘乡4个村归嘉善县；1958年建立人民公社时，海盐县西塘公社和嘉兴县钟埭、曹桥公社划入县内；1961年，西塘公社仍划归海盐县。

1991年6月15日，经国务院批准，撤销平湖县，设立平湖市。

2005年末，全市辖乍浦、新埭、新仓、黄姑、全塘、广陈、林埭7个镇及当湖、钟埭、曹桥3个街道，共有137个村民委员会、52个居民委员会。市人民政府驻当湖街道。

2005年末,全市总人口73.70万人,其中户籍人口48.31万人,暂住人口25.39万人。户籍人口中男性23.86万人,女性24.45万人;非农业人口15.50万人,占总人口的32.1%;农业人口32.82万人,占总人口的67.9%。

平湖境内地势平坦,河道密布,平均海拔2.8米,除东南沿海有呈带状分布的20座低丘和11座岛礁共4.89平方公里外,其余均为大片平原。20世纪80年代以前,经济以农业耕作为主,人类生活和生产活动所排放的污染物足以被自然环境所净化,环境质量良好,在相当长时间内是碧水蓝天、人杰物茂的"鱼米、瓜果之乡",素有"金平湖"之美誉。80年代,随着工业化的发展和经济体制改革的深入,乡镇工业的迅猛发展、农业经营方式的改变及受周边地区环境影响,环境污染问题日趋严重,水环境污染尤为明显,市域内的主要来水及泄水河道水质都已受到较重的污染。90年代,境内主要河流水质绝大多数为Ⅴ类,少数为劣Ⅴ类。2001年后,其水质均为劣Ⅴ类,水体普遍呈富营养化,环境质量问题越来越引起各级政府和社会的高度重视和关注。

随着全市环境保护工作的开展和逐步深入,先后采取工业"三废"综合利用、区域污染治理和行业整顿等一系列措施,尤其是1996年后开展环境综合整治及实施环保目标责任制、1998年开展太湖流域水污染限期治理、2000年完成环境保护"一控双达标"任务和2001年全面启动生态示范区建设工作,加快调整产业结构,积极培育发展循环经济,努力创新环境监管机制,全面推进生态城镇建设,进一步强化城乡环境综合整治,着力弘扬生态文化理念等一系列措施, 全市总体环境质量恶化的趋势基本上得到控制。2005年,全市废水排放量1251.66万吨,其中达标排放量1153.16万吨,占总排放量的92.13%;废气排放量6015768万标准立方米,二氧化硫、烟尘达标率为100%,大气环境质量总体较好,各项污染物指数基本上都能达到国家二级标准;城市噪声自1999年创建噪声达标区以来,噪声污染得到控制,各功能区的噪声平均值均达到国家标准要求,且比较稳定。

2004年12月,国家环保总局命名平湖市为"国家级生态示范区"。

大 事 记

1983 年

5 月 17 日　县政府决定设立平湖县环境保护办公室、平湖县环境保护监测站。县环境保护办公室与县基建局合署办公。

1984 年

6 月 18 日　县政府下发《关于征收排污费的通知》,决定从当年第二季度开始,对全县各企事业单位(包括个体户),按照污染物危害大小、超过排放标准的倍数或数量,分类分级缴纳排污费。

是年　政府体制改革,撤销县基建局,成立县城乡建设环境保护局,县环境保护办公室隶属县城乡建设环境保护局。

1985 年

6 月 4 日　县政府转发省政府《关于颁布〈浙江省开发建设项目环境保护管理暂行办法〉的通知》。

1986 年

1 月　县环境保护办公室、县环境保护监测站搬至城南东路 95 号新环境监测大楼办公。

12月　平湖工业污染源调查(1984—1986年,分三批)工作经嘉兴市验收组抽查,合格率为100%。

1987年

5月　经县委组织部批准,县环境保护监测站党支部建立,隶属县城乡建设环境保护局党委领导,潘伟群任党支部书记。

12月　平湖工业污染源调查工作被省、嘉兴市两级评为"先进县"。

1988年

4月29日　县政府下发《关于创建县城烟尘控制区的通知》。

7月　全县电镀、印染行业实行环保许可证制度。

1989年

1月　嘉兴市政府与县政府首次签订《环保目标责任书》。

3月24日　县环境保护监测站首届团支部建立,徐峰任团支部书记。

6月5日　县举行"纪念世界环境日大会暨环保目标责任书签字仪式"。

9月9日　县政府决定成立平湖县环境保护委员会。

是年　创建城关镇4平方公里烟尘控制区工作通过嘉兴市政府考核验收。

1990年

12月　全县乡镇工业污染源调查工作通过省、嘉兴市验收。

1991年

5月　平湖开展地表水环境功能保护区划分工作。

1992 年

1 月 13 日　市环境监测站首届工会委员会成立，李金喜任工会主席。

1995 年

11 月 15 日　市城乡建设环境保护局分设，成立平湖市环境保护局。

11 月 28 日　市人大常委会任命顾付根为市环境保护局局长。

1996 年

1 月　浙江省城市环境综合整治定量考核范围从省辖市扩大到所有县级市。平湖市开始城市环境综合整治定量考核试评分。

1 月 15 日　市环境保护局党组建立，顾付根任党组书记。

1 月 18 日　市环境保护局正式挂牌，办公地址为城南东路 95 号。

3 月　平湖市全面开征餐饮业、娱乐业废水废气噪声排污费。

5 月 14 日　市政府办、市人大办及工业、二轻、环保等部门联合组成检查组，分组对全市污染企业治理项目进行检查。

6 月 23 日至 24 日　市人大、市政府联合进行环保大检查，重点检查 15 种小企业的环保情况，决定对 28 家企业采取关闭、停产整顿和限期治理的处理，对 4 起违法违规行为依法作出处罚。

10 月 4 日　召开《平湖市环境综合整治规划研究报告》大纲评审会，嘉兴市环保局、环科院、浙江农业大学、浙江大学有关领导专家参加评审。

1997 年

1 月 21 日　市环境监测站首次通过省级计量认证。

2 月 27 日　市政府下发《平湖市建设项目环境保护管理办法》。

3 月 7 日　市机构改革“三定”方案，确定市环保局行政人员编制 10

人。领导职数:局长1名,副局长2名,科(股)级领导5名。

3月11日　市环境监测站工会更名为市环境保护局工会。换届后,工会主席由沈勤担任。

4月　平湖市开征超标准建筑施工噪声排污费。

7月起　根据省环保局统一部署,在全市范围内开展污染物排放申报登记。年内首先完成40家重点污染企业的排污申报登记工作。

9月1日起　市环保局与教育局在试点基础上,在全市29所中、小学全面开设环境教育课程。

10月21日　召开《平湖市环境综合整治规划》专家认证评审会,省环保局污管处、浙江大学、平湖市水利局等有关专家参加评审。

12月　平湖历史上第一个《平湖市环境综合整治规划》经华东师范大学环境资源学院和市环境保护局联合编制、专家组评审、市政府第46次常务会议讨论通过。

同月　平湖市全面完成省下达的7项"六个一"工程项目。其中,重点水污染治理2项,水泥粉尘治理3项,建设生态农场1个,烟尘控制区1个。

是年　市环境监测站团支部更名为市环境保护局团支部。换届后,团支部书记由张大好担任。

1998年

3月6日　市政府发文公布1997年环保目标责任书考核结果。

4月12日　市政府办下发《关于加强水污染企业限期治理工作的通知》。

5月7日　市召开水污染防治领导小组(扩大)会议,市长万亚伟与乡镇和有关部门签订年度环保目标责任书。

6月4日　省环保局处长石坚荣率省环保局督查组到平湖检查太湖

流域水污染治理情况。

6月5日　市环境保护协会正式挂牌成立，有首批团体会员31个，个人会员76名，选举产生第一届理事会。

6月8日　市委决定，顾付根任市环保局党组副书记，免去其市环保局党组书记职务。

6月19日　嘉兴市政府副秘书长吴凯明率嘉兴督查组到平湖检查水污染治理情况。

7月6日　市政协主席会议专题听取环保工作情况汇报。

7月14日　市环保局党组召开全体党员会议，部署局系统党性党风教育活动。

7月28日　市长万亚伟、副市长刘耀明现场检查水污染治理进展情况。

8月2日　市委决定，金良观任市环保局党组书记。

8月27日　市人大对全市《环保法》执法情况进行检查，现场查看部分重点水污染企业的污染治理情况。

9月10日　市环境监测站党支部更名为市环境保护局党支部。换届后，党支部书记由金良观担任。

9月15日至16日　市监察局与环保局联合组成检查组，对部分重点水污染企业进行现场检查。

10月7日　省环保局督查组到平湖检查太湖流域水污染企业治理进展情况。

10月27日至30日　国家环保总局办公室副司长于涌泉、信访处干部刘春龙出席在平湖举行的全国政协部分提案承办单位工作座谈会。

12月22日　省环保局副局长肖军，处长石坚荣，副处长陈爱民、周小斌出席平湖景兴纸业造纸有限公司污染治理设施验收会。

12月30日　市政府组织太湖“零点行动”执法检查小组，对全市主要水污染企业进行执法检查。

12月　平湖市正式开展城市环境综合整治定量考核。1998年度考核总得分55.573分,得分率69.47%,得分率比上年试评分提高8.26个百分点。

同月　太湖流域水污染企业达标排放,列入省控12家、市控7家企业通过省、嘉兴市环保局验收,全市投入资金1200多万元。

1999年

3月4日　市政府下发《关于对第二批工业污染企业实行限期治理的决定》。

同日　市政府下发《关于表彰1998年度水污染治理先进集体和先进个人的决定》,市政府办发文公布1998年环保目标责任考核结果。

3月10日　市政府批转《市环保局关于创建城关镇环境噪声达标区的实施意见》。

3月11日　市环保局会同工商局、建设局、公安局、文化局、卫生局、交通局等部门联合下发《平湖市饮食娱乐服务业环境保护管理办法(试行)》。

4月1日　市环保局组织有关人员到桐乡市学习考察创建环境噪声达标区工作。

4月30日　市政府下发《平湖市环境噪声污染防治管理试行办法》。

5月6日　市政府召开创建城关镇环境噪声达标区动员会议,部署创建环境噪声达标区工作。

5月8日　市编制委员会批准成立平湖市环境监理大队,核定人员编制10人,人员在环境监测站内调剂解决。

6月5日　市环境监理大队召开成立大会,平湖成为嘉兴市范围内首个成立环境监理机构的县(市)。

6月24日　省环保局督查组到平湖检查水污染治理情况。

6月30日至7月4日　市环保局组织干部职工开展抗洪抢险。

7月14日　市政府办转发市环保局《关于环境保护“一控双达标”工作方案》。

9月7日　市环保局组织有关人员到桐乡市环境监测站学习创建环境噪声达标区监测验收准备工作。

9月28日　市人大常委会对环保工作进行评议。

10月5日　省环保局副局长肖军、处长石坚荣,嘉兴市环保局局长潘启明到平湖考察污染治理设施社会化管理工作。

10月26日　由省环保局处长石坚荣、嘉兴市环保局局长潘启明陪同,省人大常委会环保执法检查组到平湖检查环保工作。

10月28日　市政府在黄姑镇召开服装箱包边角料焚烧处置现场会。

11月22日　市委决定,金良观任市环境保护局正局级巡视员,免去其环境保护局党组书记职务。

11月29日至12月1日　市环保局组织有关人员赴临安、磐安等地考察生态示范区建设工作。

12月10日　当湖镇环境噪声达标区创建工作通过嘉兴市环保局组织的考核验收。

12月29日　省环保局处长石坚荣到平湖宣讲指导有关生态示范区建设工作。

12月30日　《平湖市工业园区环境保护规划》通过专家评审。

2000年

1月20日　嘉兴市政府检查团对平湖市环保工作进行检查。肯定了平湖市在太湖流域水污染企业限期治理和长效管理方面取得的成绩,建议加快城市绿化、农业面源污染整治等工作步伐。

1月29日　举行黄姑镇环境综合整治规划评审会。黄姑镇成为平湖市第一个通过环境综合整治规划的乡镇。

1月30日　市政府召开乡镇长环保工作座谈会，对工业企业达标排放、服装箱包边角料无害化处置、年度环保目标责任项目等工作进行研究和部署。

2月25日　市政府召开水泥行业立窑粉尘治理工作会议，传达全省水泥行业“一控双达标”工作会议精神，具体部署水泥行业立窑粉尘治理工作。

3月23日　市政府下发《关于对第三批工业污染企业实行限期治理的决定》。

3月27日　嘉兴市水泥行业“一控双达标”工作会议在平湖举行，各县(市)区分别汇报立窑粉尘治理工作开展情况。嘉兴市环保局局长潘启明到会讲话。

3月31日　嘉兴市环保局“一控双达标”督查组检查平湖市“一控双达标”工作开展情况。

4月5日　市政府下发《关于表彰1999年度环保目标责任制考核先进单位的决定》。

4月25日　省环保局副局长肖军率省检查组检查平湖市水污染防治工作。

4月26日　市政府召开生态示范区建设领导小组会议，具体研究部署生态示范区建设规划编制工作。

5月7日　环保局召开部分老同志座谈会，听取市社经室老同志对环保工作的意见和建议。

6月13日　嘉兴市副市长王新民率嘉兴市政府检查组检查平湖市“一控双达标”工作。

6月14日　市人大、政协检查组到市环保局检查人大议案、建议和政协提案办理情况。

6月　平湖市被国家环保总局列为第五批国家级生态示范区建设试点地区。

同月　平湖市绿色环保技术发展有限公司完成企业转制工作。

7月5日　平湖市生态示范区建设规划评审会在杭州举行。省计委、建设厅、国土资源厅、水利厅、农业厅、科技厅、环保局、旅游局等单位的领导、专家参加评审。省环保局副局长肖军到会讲话,嘉兴市环保局局长潘启明、平湖市市长万亚伟及副市长郭跃荣、刘耀明等领导出席会议。

7月21日　召开水污染企业厂长(经理)会议,部署对日排放废水100吨以上的水污染企业实行在线监测工作。

8月2日　市政府下发《关于加快我市市区污水管网工程建设的意见》。

8月10日　省环保局局长张鸿铭到平湖对工业污染源长效管理以及"一控双达标"工作进行检查和调研。

8月16日　省环保局"一控双达标"督查组到平湖检查"一控双达标"工作进展情况。

8月31日至9月2日　嘉兴市环保政务信息工作会议在平湖举行。

10月15日　市政府组织水泥立窑粉尘治理工作检查。市长万亚伟、副市长刘耀明到东港水泥厂、共建水泥厂、星阁建材集团的立窑粉尘治理现场检查。

10月16日　市十一届人大常委会第二十八次会议审议通过《平湖市生态示范区建设规划》。

10月27日　市人大常委会执法检查组检查水泥立窑粉尘治理及"一控双达标"工作情况。

11月8日至9日　嘉兴市政府对平湖市环境保护"一控双达标"工作进行验收。平湖市"一控双达标"工作顺利通过上级验收。

12月9日　《新埭镇环境综合整治规划》和《新仓镇环境综合整治规

划》通过专家评审。

12月30日　市环保局派驻人员进入市行政服务中心，设置窗口，开展环保审批等相关业务。

是年　省环保局公布2000年度平湖市环境综合整治定量考核结果，总得分为64.26分，定为合格城市。

2001年

1月3日　市委、市政府下发《关于创建国家级生态示范区的决定》。

同日　市政府下发《关于表彰2000年度环保目标责任制考核先进单位的决定》。

2月5日　市政府决定，毛小弟任市环境保护局副局长。

5月23日　市政府办转发市环保局《关于对“小染线”企业实行集中建设和管理意见的通知》。

6月1日　市政府颁布《平湖市城市烟尘污染防治管理办法》。

12月3日　市人大常委会任命肖建华为市环境保护局局长，免去顾付根市环境保护局局长职务。

12月6日　市委决定，肖建华任市环境保护局党组书记，顾德钧任市环境保护局党组副书记、纪检组长，免去顾付根市环境保护局党组副书记职务。

12月10日　市政府颁布《平湖市防治服装箱包边角料污染环境管理办法》。

12月21日　嘉兴市环保局副局长全照根、法规宣教处处长徐建平等一行到平湖就有关“绿色学校”创建工作进行检查考核。

12月24日　市政府印发《平湖市服装箱包边角料集中焚烧处理实施办法（试行）》。

12月27日　市环保局召开全体工作人员大会，部署开展“从政道德教育活动”。

12月　2001年度平湖市环境综合整治定量考核总得分65.41分，比上年提高1.15分；得分率81.8%，比上年提高1.5个百分点。

同月　平湖市环境保护局纪检监察组成立。

2002年

1月12日　市环保局召开分管环保工作副乡镇长会议，总结回顾2001年环保目标责任制落实情况，对2002年环保目标责任制分解征求意见。

1月16日　市环保局工会被评为“2000—2001年度市直机关先进职工之家”。

1月18日　市环保局举行仪式，欢送局原党组书记金良观离岗退养。

1月22日　市环保局召开全体工作人员会议，进行“竞争上岗、双向选择”动员。

1月25日　市直机关党工委批复顾德钧任市环保局党支部书记。

1月28日　平湖市悦莱春毛衫制衣有限公司成为全市率先通过ISO14000环境管理系列标准认证的企业。

同日　市环保局开展“爱心行动”，全体工作人员捐款3500元，送交市总工会。

2月8日　市环保局党政工班子成员走访慰问局退休老同志及结对帮困户。

2月20日　市政府召开生态示范区建设领导小组扩大会议，市领导万亚伟、郭跃荣、刘耀明等到会，环保局中层以上干部参加会议。

3月14日至18日　局班子成员分别到各乡镇召开座谈会，测评听取“学教”活动整改意见。

3月19日　市“学教”回访复查组到市环保局检查。

3月20日　市政府下发《关于表彰2001年度环保目标责任制考核优胜单位的决定》。

3月22日　全市基础设施建设年活动暨环保工作会议召开，局中层以上干部参加会议。

3月27日　桐乡市环保局副局长卫瑞良一行到市环保局交流工作。

同日　市政协主席会议在市环保局召开。环保局班子全体成员及有关科室负责人参加，局长肖建华作工作汇报。

4月3日　市纪委副书记曹金根及办公室主任崔小春到市环保局就环保局纪检组增补成员一事进行组织考察。

4月7日　全市召开“一号工程”暨作风建设年动员大会，市环保局中层以上干部参加会议。

4月12日　市环保局召开全体工作人员会议，进行“作风建设年”活动动员。

4月28日　市纪委通知，增补毛小弟、沈勤为环保局纪检组成员。

4月30日　根据嘉兴市政府精神，由嘉兴市环保局见证，嘉兴港区(乍浦地区)环境保护工作自2002年5月起委托嘉兴港区规划建设局(环境保护局)管理。

5月16日　市环保局党支部、工会领导在市残联理事长张海明及南市居民区党总支书记郑玲玲陪同下，结对走访助残户。

5月18日　市环保局在关帝庙商城举办“全省环境警示教育图版巡回展”。

5月22日　市政府下发《关于开展城市餐饮业油烟污染治理工作的实施意见》《关于公布2002年度第一批餐饮业油烟污染限期治理单位的通知》。

6月4日　市政府在新仓镇召开创建省级生态镇动员暨污染集中控制现场会，对生态镇、生态村建设工作进行动员和部署。

6月27日 “七一”前夕，市环保局党政工领导走访慰问当湖镇曹杨村困难党员。

7月11日 市环保局召开全局工作人员大会，就开展“诚信敬业、满意在平湖”和“创优质服务机关、做人民满意公仆”活动进行动员和部署。

同日 市环保局召开全体党员大会，根据市纪委统一要求，部署“禁赌专项治理工作”。

7月18日 团市委领导许红莲、俞卫平及机关团工委领导沈磊一行到局了解团支部工作，团支部书记张大好作了工作汇报。

8月2日 市政府下发《关于印发平湖市环境保护局职能配置、内设机构和人员编制规定的通知》。

8月26日 市环保局召开座谈会，并聘请来自乡镇、部门、企业各界18人为环保局党风(行风)建设监督员，聘期2年。

9月10日 平湖市环境监理大队更名为平湖市环境监察大队。

9月19日 市政府下发《批转市环保局关于当湖镇城市区域环境噪声标准适用区域重新划分方案的通知》《关于印发当湖镇环境噪声达标区扩建工作实施意见的通知》。

9月23日 “平湖市环保局政务公开栏”正式启用。

10月10日 市委组织部到市环保局进行领导班子回访考察。

10月28日 平湖市西片污水管网工程与嘉兴总网并网。

11月7日 德清县环保局中层以上领导一行15人到局进行工作交流。

11月8日 局全体干部职工集中收看“中共十六大”召开实况转播。

11月15日 市环保局开展为贫困地区捐衣被活动，共捐94件。

11月23日 经市编委批准，环境监察大队增加10名编制。

11月27日 市政府发布《关于强制淘汰燃油助动车的通告》。11月29日，又发布《关于强制淘汰燃油助动车的规定》。

12月10日　市政府下发《关于印发〈加强畜禽养殖业污染防治工作实施意见〉的通知》。

12月　当湖镇环境噪声达标区扩建工作通过嘉兴市环保局（省环保局委托）验收，区划面积9.16平方公里，占建城区面积100%。

同月　景兴纸业有限公司被省环保局列为首批清洁生产审计单位。

2003年

1月2日　市环保局开展“献爱心”慈善捐款活动，39名工作人员共捐款4800元。

1月19日　市环保局班子成员分两组，由当湖镇领导陪同分别走访慰问该镇结对的4户困难家庭。

1月22日　市环境监测站通过省级计量认证复审。

1月23日　市环保局领导、工会走访慰问退休老同志及结对助残户。

2月27日　省环保局纪检监察组长秦忠一行到局调研有关文明行业创建和监察大队标准化建设工作。

3月3日　市环保局妇女工作小组建立，由陈玮、沈勤、张大好组成，陈玮任组长。

3月14日　全市环保工作暨创建国家级生态示范区再动员会议召开，局中层以上干部参加会议。

3月　海盐（盐平）塘饮用水源保护区规范化建设工作通过嘉兴市组织验收。

4月10日　召开全局工作人员大会，动员部署机关效能建设年活动。

同日　市政府办下发《关于创建国家级生态示范区工作任务分解的通知》。

4月14日　市政府下发《关于公布2003年度餐饮业油烟污染限期治理单位的通知》。

5月10日　平湖市环保协会第二届会员代表大会在凯旋门大酒店举行。

5月13日　市环保局召开全体在编人员会议,就环境监测站、环境监察大队定编定岗工作进行动员并对5名事业编制中层领导进行民主测评。

6月13日　浙江大学硕士研究生熊国华到局挂职锻炼。

6月21日　市环保局事业编制人员招聘组织面试，参加面试10人，录用3人(刘俊翔、胡鸿亮、陆骏)。

6月26日　嘉兴市环保局副局长许华伦等一行3人到局检查有关监察大队标准化建设工作。

6月27日　由市委宣传部、市直机关党工委、市广电局主办,市环保局协办的平湖市"环保杯"党的十六大知识竞赛决赛在市广电局演播厅举行。

6月28日　"七一"前夕,市环保局党支部组织全体党员赴上海市青浦区练塘镇参观陈云故居暨青浦革命历史纪念馆。

7月1日　实施国务院《排污费征收使用管理条例》,由单因子浓度收费转化为多因子总量收费。

7月27日　浙江省行政执法人员综合法律知识考试在平湖市委党校举行,市环保局有关人员参加。

7月29日　市政府召开全市生态村建设现场会，对生态示范村创建工作再一次进行了部署。

8月7日　根据市委组织部安排,市环保局党组副书记顾德钧协助市信访局工作半年,是日报到。

8月8日　市政府办下发《关于转发〈嘉兴市七部门贯彻国家开展清理整顿不法排污企业保障群众健康行动实施意见〉的通知》。

9月8日　市社经室17名老同志到市环保局调研,局班子成员参加,局长肖建华作情况介绍。

9月24日　市环保局召开全体工作人员会议，就全市开展公开选拔领导干部工作传达有关文件并进行动员。

9月26日　上海市金山区环保局一行9人到局交流工作。

9月30日　市直机关第六届乒乓赛结束，市环保局女队获团体第三名。

10月16日　环境监察大队派员到杭州市余杭区环保局学习有关环境监察机构标准化建设工作。

11月5日　平湖市国家级生态示范区建设通过国家环保总局考核验收。

12月8日　市政府下发《关于印发〈平湖市污水处理费征收管理暂行办法〉的通知》。

12月10日　副市长马雪腾到市环保局了解环保工作,局长肖建华作工作汇报。

12月11日　由副市长王红威带队的市党风廉政建设（行风建设)责任制工作考核小组一行5人到市环保局检查考核，召开座谈会及民主测评,局领导作工作汇报。

12月19日　环境监察大队标准化建设二级达标通过嘉兴市环保局验收。

12月24日　市环保局班子成员带队分4组到各乡镇检查环保目标责任制工作落实情况。

12月27日　市政府下发《关于实施平湖市生态建设绿化造林总体规划2003—2010年的通知》《关于实施平湖市生态畜牧业发展规划的通知》。

12月31日　嘉兴市环保局副局长全照根、沈跃平到平湖了解环保工作情况。

是年　12369环保举报热线电话开通。

2004年

1月6日　市环保局开展爱心慈善捐款活动,共计捐款2750元。

同日　市政府办下发《关于印发〈平湖市生态牧业园区建设实施意见〉的通知》。

1月12日　召开分管环保工作乡镇长及有关部门领导座谈会，通报2003年度工作及征求2004年度环保目标责任制工作意见。

同日　市政府下发《关于烟囱整治工作的意见》。

1月13日　市环保局领导走访慰问本单位退休老同志及结对助学户与结对帮困户。

1月15日　市环保局组织全体工作人员观看《走近毛泽东》大型文献纪录片。

2月4日　省环保局副局长李泽林及建设处处长方敏到平湖调研有关建设项目情况。

2月6日　全市信访工作会议召开,环保局被评为“2003年度信访工作先进集体”。

同日　市委、市政府成立平湖生态市建设工作领导小组,市委书记万亚伟任组长,市长马邦伟任副组长,生态市建设工作领导小组办公室设在环保局,肖建华任办公室主任。

2月24日　市委副书记王鸣霞到市环保局检查指导工作。

3月12日　平湖生态市建设规划编制工作全面启动，由市生态办委托中国社会科学院可持续发展研究中心开展规划的编制工作。

3月16日　东阳市环保局一行10人到局了解交流有关电镀行业整治工作情况。

3月23日　市环保局召开机关效能建设年活动动员大会。

3月24日　市环保局下发《关于童车行业水污染整治的意见》。

3月28日　召开童车行业水污染整治工作会议，部署行业水污染整治工作。

同日 召开行风监督员座谈会，局长肖建华通报2003年环保工作及2004年环保工作打算,并听取意见和建议。

4月9日 召开全市企业环保信用等级评定工作会议,首次开展企业环保信用等级评定。

同日 上海石化环保局中层以上干部一行11人到局进行工作交流。

4月13日 市效能建设工作督查组一行3人到市环保局检查指导工作。

4月15日 市政府下发《关于表彰2003年度环保目标责任制考核先进单位的决定》。

4月16日 市人大常委会代理主任何大利等一行4人到市环保局调研,落实开展《中华人民共和国环境保护法》执法检查工作具体安排事项。

4月21日 市政府办下发《印发关于开展生态建设和环境保护法执法自查工作意见的通知》。

4月28日 市政府组织环保、经贸、监察、工商等部门,分4个检查小组,对全市37家工业企业及沿线服装、箱包企业进行检查。

4月29日 配合嘉兴市环保局开展执法检查活动,对电镀、印染、造纸、制革、化工等5个重点污染行业的16家企业进行检查。

同日 市委、市政府召开全市环保工作暨生态市建设工作动员大会，市委书记万亚伟出席会议并作动员讲话，市政府与各乡镇和13个部门签订2004年度生态市建设目标责任书。

同日 嘉兴市各县(市)区环境执法对口检查组到平湖检查。

5月9日 环境监测站、环境监察大队人员招聘进行面试,报名人数28人,参加面试10人,录用人员2人(高国营、朱菊华)。

5月11日 市人大常委会执法检查组对钟埭、新埭两镇和6家工业企业的环境保护工作进行现场检查。

5月14日　全国第十四次助残日前夕，市环保局党支部领导在南市居民区郑玲玲书记陪同下走访慰问助残结对户。

5月19日　市政协副主席张志培到局走访政协委员张大好。

5月20日　市人大常委会分3个小组，对全市环境保护执法和生态建设工作进行检查。检查组分别听取环保、建设和新仓、林埭、黄姑、全塘等部门、乡镇《环境保护法》执行情况的工作汇报，并现场检查污水管网工程的建设、运行情况及企业废水处理、排放情况。

5月21日　市政府办下发《关于开展整治违法排污企业保障群众健康环保专项行动的通知》。

5月22日　市环保局团支部组织全体团员到杭州参观革命烈士纪念馆，进行爱国主义教育。

5月27日　市政府召开各乡镇、街道分管领导和生态市建设领导小组有关成员会议，讨论《平湖生态市建设规划》。

5月28日　局组织召开平湖水环境容量测算工作会议。

同日　举办生态建设培训班，各镇、街道办事处分管副镇长（副主任）和生态示范村村支部书记、有关部门负责人参加培训。省环保局自然生态处原处长石坚荣就生态市建设作专题辅导。培训期间，组织生态示范村村支部书记赴宁波考察生态建设。

6月3日　由嘉兴市人大常委会副主任赵友六带队的执法检查组对平湖市生态建设和环境保护执法工作进行检查。执法检查组先后听取市政府、市人大常委会关于生态建设和《环境保护法》执法工作的汇报，现场检查嘉兴茉织华漂染有限公司、嘉兴春霖环保生态有限公司、浙江景兴纸业股份有限公司3家企业，抽查平湖天神皮革有限公司和双友电镀五金厂2家企业。

6月5日　举办全市工业企业水污染防治技术培训班，93家企业参加。浙江大学博士生史惠祥进行业务辅导。

同日 “六五”世界环境日,市环保局在关帝庙商城设摊开展宣传咨询活动。

6月8日、10日 由市环保局领导带领分3个组，组织两次夜间执法检查。对77家水污染企业夜间生产、设施运行、废水排放、污水入网等情况进行检查。

6月19日至20日 市环保局组织全体工作人员赴江苏省常熟“沙家浜”及华西村进行革命传统教育和生态考察活动。

6月24日 市委决定,顾德钧任市环保局副局级巡视员,免去其环保局党组副书记、纪检组长职务。

6月28日 《平湖市广陈塘饮用水地表水源保护区划分技术报告》通过专家评审。

7月6日 平湖市民主评议环保行风活动动员会在市政府会议中心举行,市纠风办领导、市环保局全体干部职工及行风监督员等参加。

7月11日 因城南路拓宽改造,市环境监测站由城南东路95号搬迁至环城南路30号原市政府第一招待所2号楼办公。

7月30日 局纪检组在全局开展廉政格言征集及硬笔书法比赛,共收到作品41件,评出一等奖1名、二等奖2名、三等奖3名。

8月7日 《平湖市生态市建设规划》通过嘉兴市生态办组织的专家论证。

8月9日 市委决定,顾国富任市环保局党组副书记(正科级)、纪检组长。

8月10日 市政府下发《关于开展绿色生态农业示范市建设的实施意见》。

9月8日 嘉兴市纠风办领导到市环保局了解行风评议工作情况并召开座谈会,局长肖建华作汇报,平湖市纠风办领导和7家企业代表参加座谈会。

9月9日　市环保局开展台风赈灾捐款活动，共捐款2350元送市慈善总会。

10月21日　《平湖市生态市建设规划》颁布实施。

11月　平湖市绿色环保技术发展有限公司被国家环保总局评为“全国环境污染治理设施市场化运营先进企业”。

12月3日　由嘉兴环境监察支队副支队长傅俊武陪同，全省环境监察系统排污收费稽查对口检查丽水地区检查组一行到局检查工作。

12月17日　在平湖市首届机关运动会总结表彰会上，市环保局荣获“特殊贡献奖”。

12月30日　市政府下发《关于加强环境污染整治工作实施意见》《关于开展生态镇(街道)创建工作的意见》。

12月　国家环保总局命名平湖市为“第三批国家级生态示范区”。

2005年

1月13日　市环保局开展为印度洋海啸地区救助捐款活动，共捐款2350元。

2月2日　市环保局召开第一批保持共产党员先进性教育活动动员大会。

3月2日　在市直机关党建工作会议上，市环保局党支部被评为“2004年度机关先进党组织”受到表彰。

3月7日　市环保局中层以上干部参加嘉兴市环保局组织的嘉善县环保局长高洪明先进事迹报告会。

3月19日　市环保局全体党员赴嘉兴南湖参观纪念馆并举行“重温入党誓词”宣誓仪式。

3月26日　全市工业污染整治工作会议在凯旋门大酒店召开，副市长马雪腾到会并讲话。

4月28日　市环保局团支部参加机关团工委举行的“迎五四歌咏比赛”,获二等奖。

6月8日　市环保局党支部进行换届选举，产生新一届支委班子成员。顾国富任支部书记,沈勤、吴敏奇、张大好为支部委员。

7月4日　市政府下发《关于加快淘汰水泥机立窑生产工艺推进水泥行业结构调整的实施意见》。

8月4日　市委决定,张补林任市环保局党组书记,肖建华任市环保局党组副书记。

8月5日　市政府办下发《关于印发平湖市省级绿色生态农业示范市创建组织奖考核办法的通知》。

8月8日　市政府决定,张补林任市环保局副局长。

8月26日　市政府在新仓镇召开全市生态村创建工作会议，全面部署落实生态村创建工作。

11月29日　市政协在市环保局召开委员座谈会,听取生态与环境保护方面的意见和建议,局长肖建华作情况介绍,市政协领导陆志远、张志培及政协办、专委会有关领导参加。

12月10日　因城南路拓宽改造,市环保局及环境监察大队暂搬当湖西路379号办公。

第一章 管理机构

解放前,环境保护未专设管理机构。解放后,由县卫生防疫站兼管。20世纪80年代起,随着城乡工业的快速发展,环境保护工作提上议事日程。1983年5月,县政府成立县环境保护办公室,同时设置环境保护监测站(1991年6月后称环境监测站),负责全县的环境管理和环境监测工作。

第一节 县(市)级机构

1983年5月,县环境保护办公室和县环境保护监测站建立。县环境保护办公室是县政府的环保行政管理机构,与县基建局合署办公。县环境保护监测站属事业单位,受县环境保护办公室领导。1984年体制改革,撤销县基建局,成立县城乡建设环境保护局,县环境保护办公室隶属县城乡建设环境保护局。1989年设立县环境保护委员会,下设环境保护办公室,日常工作由环保办公室负责。时有工作人员15人,其中大专以上文化程度12人,工程师2人,助理工程师5人,技术人员1人。

1995年11月,经批准,城乡建设环境保护局分设,成立平湖市环境保护局,属市政府主管环境保护的职能部门,内设办公室、开发治理科、环境管理科、法制监理科及下属事业单位环境监测站。1996年1月,平湖市环境保护局正式挂牌,办公地址在城南东路95号。1999年5月,环境监理大队成立,隶属市环保局领导,为全民事业单位,核定人员编制10人。2001

年12月，根据市机构改革方案，设置平湖市环境保护局，属市政府主管环保工作职能部门，实行市政府和嘉兴市环保局双重领导，以平湖市政府领导为主。局内设科室调整为办公室、法规宣教科、综合管理科及下属两个事业单位：环境监测站、环境监理大队。2002年9月，环境监理大队更名为环境监察大队。

2002年5月起，嘉兴港区(乍浦地区)环境保护工作全权委托嘉兴港区规划建设局(环境保护局)负责管理。

第二节　环保局主要职能

一、建局初期工作职能

环保局成立后，按照平湖市市级机关“三定”工作实施意见，确定市环保局职能配置。

(一)职能重点

市环保局职能的重点是强化环境保护的宏观调控和执法监督，完善全市环境保护与经济、社会协调发展的宏观调控机制，增强环境保护的综合协调能力；推进环境保护法制建设，完善规章制度，加强执法监督管理；加强工业污染防治、城市环境和生态环境保护；促进环境保护科技进步和环保产业的发展；加强环境保护的宣传教育工作，提高全市人民环境保护意识；开展环境保护的国际合作与交流；按“精简、效能”原则，加强环保队伍建设。

转移或下放的职能是：建设项目环境影响评价报告书、审批前的技术评估；环境科技成果项目的推广工作；环境污染防治方案的技术论证、环境评估；环境保护对外经济合作项目在具体实施中的业务性、技术性工作。

(二)主要职责

市环保局是市政府主管环境保护的职能部门，主要职责是依法对全市环境保护工作实施统一监督管理。直接管辖本市区域内生产企业的环境保护工作，指导并监督管理全市境内的环境污染和其他公害的工作，保护和改善生活和生态环境，促进全市经济和社会持续、协调、健康发展。具体职责是：

1.贯彻执行国家和省、市环境保护的方针、政策、法律、法规，拟订全市环境保护政策和措施，并监督实施；协同有关部门制定与环境保护相关的经济、技术、资源配置和产业政策，组织对全市经济决策和重大建设项目的环境影响评估。

2.制定全市环境保护规划和计划，参与制订全市经济和社会发展中长期规划、年度计划、国土开发整治规划、区域经济开发规划、产业发展规划以及资源节约、综合利用规划，审核全市城镇总体规划、开发区和城市改造中环境保护内容；管理全市环境统计和环境信息工作；编报全市环境质量报告书，发布环境状况公报。

3.监督实施环境保护的国家和地方标准及环境保护行业标准。

4.负责全市大气、水体、土壤、海洋等环境保护，负责监督管理全市废气、废水、废渣、粉尘、恶臭气体、放射性物质、有毒化学品以及噪声、振动、电磁波辐射等污染的防治。

5.负责监督管理全市自然环境保护工作，综合协调并监督检查全市生物多样性与野生动植物等保护工作；指导生态农业建设工作；监督全市对生态环境有影响的资源开发活动。

6.组织排污申报登记与排污许可证、排污收费、环境基础、环境影响评估、“三同时”等项目环境管理制度的实施。监督执行国家公布的禁止或严格限制建设的重污染项目和有毒化学品优先控制名单，负责全市有毒化学品环境管理工作。审批辖区限额内开发建设项目、技术改造项目和区域开发建设项目的环境影响报告书、表。

7.指导城市环境综合整治，负责全市环境保护目标责任制的组织协调工作,负责重点城镇环境综合整治定量考核。受市政府委托,负责处理涉及市外环境污染纠纷、协调市域间环境污染纠纷,对市内重大污染事故和生态破坏进行调查处理。

8.执行国家环境保护技术政策,组织制定并实施全市环保科技发展规划、环保产业发展规划,组织重大环境科技研究及环境科技成果管理工作,组织申报国家和省、市重大环境保护课题,管理全市环境新技术、新工艺的引进推广工作,组织全市环境保护设备的质量监督认证工作。

9.管理全市环境监测工作,监督执行环境监测制度,组织实施国家和省、市环境监测制度,管理全市环境监测及计量认证、质量保证和环境监测网络工作。

10、组织协调全市环境宣传教育工作,协同有关部门在大、中、小学和成人教育、培训中开展环保宣传教育工作。

11.加强全市环境保护队伍建设,规划和组织本部门在职人员岗位培训和继续教育;负责拟定环境保护规范性文件,组织环境行政复议、应诉和执法检查。

12.会同有关部门管理市环境保护国际合作和利用外资项目工作。

13.承担市环委会日常工作。

14.承担市委、市政府交办的其他事项。

二、机构改革后工作职能

2001 年,平湖市政府机构改革,设置平湖市环境保护局,属主管环境保护工作的市政府工作部门,实行市政府和嘉兴市环境保护局双重领导,以平湖市政府领导为主,确定其主要工作职责。

1.负责全市环境保护工作的统一监督管理。负责全市环境保护目标责任制的制定,并组织实施;负责城市环境综合整治定量考核的组织与实施。宣传、贯彻执行国家、省和嘉兴市制定的环境保护方针、政策、法律、法规、标准。拟草全市有关生态环境保护的规范性文件,经审议通过后监督实施。

2.组织制订和监督实施全市环境保护规划(计划)及确定的重点区域、重点流域污染防治和生态建设及保护规划;编制环境功能区划;制订全市污染物排放总量控制计划及相关政策;参与制定全市经济和社会发展中长期规划、年度计划、区域经济开发、资源开发和综合利用规划。

3.监督管理大气、水体、土壤、固体废物、有毒化学品、噪声、振动以及机动车等的污染防治工作;负责农村生态环境保护;指导、协调和监督海洋环境保护工作;负责排污申报登记、排污许可证发放、排污收费管理和污染限期治理工作;组织和协调重点流域水污染防治工作;承担平湖市环境保护委员会等有关环境保护工作综合协调机构办公室的工作。

4.监督管理自然环境保护;监督对生态环境有影响的自然资源开发利用活动、重要生态环境建设和生态破坏恢复工作;监督检查各种类型自然保护区以及风景名胜区、饮用水源保护区环境保护工作;监督检查生物多样性保护、野生动植物保护、湿地环境保护工作;组织推动全市生态示范区建设工作。

5.负责环境监察和环境保护的行政稽查工作;组织开展环境保护行政执法检查,推行行政执法责任制;调查处理、协调解决行政区域内和跨区域的环境纠纷、污染事故、生态破坏事件和重大环境问题。

6.监督实施环境保护国家标准、省标准及环境保护行业标准;负责环境管理体系(ISO14000)和环境标志、有机食品认证及环保产品认定的组织管理工作。

7.组织实施各项环境管理制度;按国家和省、嘉兴市规定审核开发建设活动环境影响报告书(表),初步审查可以用作原料的固体废物进口申请书及环境风险评价报告书;指导全市建设项目环境管理和城市环境综合整治;负责环境保护目标责任制工作。

8.贯彻执行国家环境保护技术政策;组织制订并实施市环保科技发展规划;组织实施环境保护科技发展、科学研究和技术示范项目;建立和组织实施环境保护资质认可制度;参与制定环保产业发展规划;指导和推动环境保护产业发展;指导环境保护学会、协会工作。

9.管理环境监测、统计、信息工作;监督执行环境监测制度和规范;组织建设和管理环境监测网和环境信息网;组织对环境质量监测和污染源监督性监测;组织编制环境状况公报和环境质量报告书,定期发布城市和流域环境质量状况;组织、指导和协调全市环境保护宣传教育工作;推动公众和非政府组织参与环境保护工作。

10.参与协调市环境保护国际合作;管理环境保护系统对外经济合作;协调与履约有关利用外资项目;负责与环境保护国际组织联系工作;开展国内外的有关环保技术合作、学术交流活动。

11.监督管理辐射环境、放射性废物;参与辐射环境事故场外应急工作;对电磁辐射、伴有放射性矿产资源开发利用中的污染防治工作实行统一监督管理。

12.承办市政府交办的其他事项。

第三节　内设机构及职能

一、建局初期内设机构及职能

市环境保护局成立后,按照平湖市市级机关“三定”工作实施意见,设置办公室、开发治理科、环境管理科和法制监理科等4个职能科室,明确各科室工作职责。

(一)办公室

负责组织、协调局机关工作,制订并实施机关各项规章制度;组织综合起草全局工作计划、工作总结和全市重要会议材料;负责机关文书处理、档案管理、保密保卫和行政后勤等各项事务;负责机关及所属单位的组织人事和劳动工资管理,包括机构改革建设、公务员制度管理、事业单位专业技术人员评聘、在职人员岗位培训与再教育、离退休人员的管理服务等工作；承担机关财务工作，统一管理使用局机关开支的各项经费，并负责局属事业经费和排污收费财务管理；负责局系统国有资产的监督管理和财务审计工作；负责局或全市性重要会议的组织服务工作；负责局领导交办的其他工作。

(二)开发治理科

贯彻执行国家和省有关开发建设项目环境管理政策法规，制定并实施环境保护科技发展规划和计划；控制新污染源，对一切新建、扩建的项目实施环境管理，审批辖区限额内开发建设项目、技术改造项目和区域开发建设项目的环境影响报告书、表；负责“三同时”制度实施，查处违反开发建设环境管理规定的违法案件和投产前污染纠纷、污染事故；监督实施环境保护国家标准、行业标准及有关技术政策，组织开展清洁工艺、示范工程、重大环境科研及其应用技术和成果的管理与推广；负责全市环境保护设备质量的监督、计量认证、环境评价和环保产业、绿色标志产品的监督管理；组织开展市环境保护国际合作及利用外资项目工作。

(三)环境管理科

负责贯彻执行国家和省、市有关环境保护污染防治管理法律法规和方针政策，组织拟定并实施本市环境保护规划、计划和主要污染物排放总量控制计划，参与制订全市国民经济和社会发展中长期规划、计划；管理和指导全市环境统计工作，组织编制全市环境质量报告书，发布全市环境质量公报；监督管理市内废气、废水、废渣、粉尘、恶臭气体、有毒化学品以及噪声、振动、电磁辐射等环境污染防治工作；监督执行国家禁止或限制建设的重污染项目和有毒化学品优先控制的名录，并负责有毒化学品和进口废物的监督管理；负责实施污染源限期治理、排污申报登记和排污许可证制度，并监督和参与排污费征收计划的核定工作；组织调查处理市内重大环境污染事故，协调和参与跨地区污染纠纷、重大污染事故的调解和应急处理工作；负责环保目标责任制、城市环境综合整治及定量考核的组织协调工作；监督检查污染企业治理设施运转，并参与“三同时”建设项目的竣工验收；组织制定并实施市环境监测规划和年度计划，负责环境监测网络建设和有关环境质量监测报告书编报的管理和指导；负责全市自然环境保护和生态村（镇）环境建设的监督管理，包括烟尘控制区、噪声达标区、饮用水源达标区建设，以及近海海域环境管理和协调工作。

（四）法制监理科

组织宣传、贯彻、实施国家和省、市环境保护方针、政策、法律、法规；组织、协调全市环境保护行政执法检查，并负责对各有关部门和单位执行环保法律法规状况组织经常性的监督检查；负责局环境行政复议和行政诉讼工作，参与“三同时”验收；参与调查处理本市重大违反环保法规行为、污染事故和污染纠纷案件，负责来信来访调查处理；组织全市环境保护的宣传工作；负责有关部门在中、小学和成人教育、党校培训中组织开展环境保护基本知识普及教育；负责全市环保行政执法培训和环境法制教育工作。

二、机构改革后内设机构及职能

2001年，平湖市政府机构改革，设置平湖市环境保护局，内设机构从4个减少为3个，分别调整为办公室、法规宣教科、综合管理科，明确各科室工作职责。

（一）办公室

组织协调局机关日常工作；承办综合性会议组织、文电、秘书、保密、档案、信息、信访、督查、督办等政务工作；组织制定机关内部制度；负责局机关行政、后勤、财务和安全保卫及局系统信息管理；负责局机关和直属单位机构编制和人事管理工作；规划和组织环境保护系统在职人员培训教育；管理局机关、直属单位人员出国政审；管理局机关退休人员；提出全市环境保护行政奖励表彰的意见；指导直属单位科技人员专业技术职务评聘工作。

(二)法规宣教科

贯彻执行国家环境保护的方针、政策、法律、法规;负责组织草拟有关环境保护的规范性文件;负责处理重大违反环保法规行为;办理环境行政处罚、行政复议、行政诉讼案件,组织行政处罚中的听证活动;负责环境保护的行政稽查工作;组织协调全市环境保护宣传教育工作,协同有关部门在本市各类学校和成人教育、培训中开展环境保护教育和社会环境保护宣传教育工作;负责全市环保系统执法人员专业法培训教育工作。

(三)综合管理科

具体负责全市环境保护工作的监督管理,制定环境保护规划;抓好环境保护目标责任制和城市环境综合整治及定量考核的实施。负责新建、扩建和技术改造项目、区域性开发建设项目的审批,负责“三同时”监督管理。负责排污申报登记、排污许可证制度管理,监督管理工业污染源、农业污染源的污染防治工作。负责环境统计;发布环境状况公报;监督执行环境监测制度和规范, 规划和指导环境监测网络建设。负责饮用水源保护区、自然环境保护区和生态(生态示范区)建设的监督管理和指导工作。指导环境管理体系(ISO14000)和环境标志、有机食品认证及环保产品认定工作。负责市行政服务中心环保局窗口工作。

第二章　环境质量状况

20世纪80年代以前,全市环境质量良好。80年代中期开始,地表水环境污染日趋严重。1992年,境内主要河流水质绝大多数为Ⅴ类,少数为劣Ⅴ类。2001年后,水质均为劣Ⅴ类,水体呈富营养化,未能达到水环境功能区标准。

大气环境质量总体较好,各项污染物指数(除1992年总悬浮颗粒物外)基本上都能达到国家二级标准。降尘的年平均浓度波动较大,从2001年开始,呈下降趋势,酸雨污染仍处于较严重水平。

声环境尤其是市区区域声环境质量较差。90年代中期,市区居民文教区和混合区的噪声平均值均超过国家规定限值。自1999年创建噪声达标区以后,噪声污染得到控制,各功能区的噪声平均值均达到国家标准的要求,且比较稳定。

第一节　水环境质量

一、地表水环境质量

平湖地处太湖流域杭嘉湖平原,境内河道、湖泊均归属于太湖水系,大小河道纵横交错,呈网状分布。全市共有大小河道3458条,总长2259.10公里,水域面积45.01平方公里,占全市总面积的8.38%,每平方公里河道长度为4.21公里。主要河流有嘉兴(平湖)塘、海盐(盐平)塘、上海塘、广陈塘、黄姑塘、乍浦塘等。

据市地表水监测点位测得的水质综合数据，按照国家标准判定，1992年后境内主要河流污染严重，水质绝大多数为Ⅴ类，少数为劣Ⅴ类。2001年后，主要河流的水质均为劣Ⅴ类，水体普遍存在富营养化现象。

1990—2005 年部分年份平湖主要河流水质情况

单位：mg/L(PH 值除外)

河流及断面	年份	PH 值	溶解氧	高锰酸盐指数	五日生化需氧量	氨氮	石油类	化学需氧量	总磷	综合定类
嘉兴塘（白马水泥厂）	1990	7.45	4.79	7.57	3.99	2.92	0.29	—	—	Ⅳ
	1991—1995	7.46	3.77	8.44	4.30	3.63	0.21	28.35	0.289	Ⅴ
	1999	7.50	3.53	7.71	4.25	2.77	0.42	20.50	0.279	Ⅳ
	2005	7.47	3.11	9.63	5.58	7.46	0.20	33.60	0.790	>Ⅴ
海盐塘（淡水桥、古横桥、斜桥）	1990	7.53	6.16	6.72	3.21	1.43	0.32	—	—	Ⅳ
	1991—1995	7.50	3.81	8.78	4.08	2.12	0.22	26.24	0.397	Ⅴ
	1999	7.46	3.47	8.27	4.37	3.00	0.41	27.40	0.326	Ⅴ
	2005	7.53	4.02	8.97	7.47	4.12	0.21	29.20	0.356	>Ⅴ
上海塘（一米厂、大齐塘、青阳汇）	1990	7.42	5.38	7.09	4.05	1.72	0.27	—	—	Ⅳ
	1991—1995	7.41	3.65	8.51	3.91	3.29	0.23	25.41	0.302	Ⅴ
	1999	7.40	3.36	7.62	4.85	2.92	0.37	23.30	0.282	Ⅳ
	2005	7.54	3.42	9.47	7.22	5.98	0.19	26.80	0.516	>Ⅴ
广陈塘（北三家村、小新村）	1990	7.46	6.21	6.62	3.51	1.08	0.27	—	—	Ⅳ
	1991—1995	7.46	4.15	8.28	3.50	2.37	0.21	24.56	0.274	Ⅴ
	1999	7.48	4.55	7.65	4.53	2.15	0.39	24.80	0.280	Ⅳ
	2005	7.65	3.84	9.00	6.94	4.30	0.19	26.60	0.421	>Ⅴ
黄姑塘（金桥）	1991—1995	7.50	3.77	9.45	3.96	1.51	0.22	25.75	0.341	Ⅴ
	1999	7.75	2.58	8.61	4.77	3.37	0.42	33.30	0.377	Ⅴ
	2005	7.56	2.83	10.6	6.44	3.14	0.23	32.00	0.514	>Ⅴ
乍浦塘（虹霓镇、乍浦水厂、战备桥）	1991—1995	7.40	3.47	9.40	4.16	2.12	0.22	27.52	0.389	Ⅴ
	1999	7.66	4.40	7.64	4.54	2.64	0.44	25.00	0.277	Ⅳ
	2005	7.52	3.98	9.41	6.12	4.38	0.20	32.80	0.378	>Ⅴ

注：1.1990 年监测河流分别为嘉兴塘、海盐塘、上海塘、广陈塘。

2.1991—1995 年为“八五”期间。

（一）嘉兴塘

由嘉兴至平湖东湖，故在嘉兴亦称平湖塘、嘉平塘。该河自嘉兴城东出市区，过十八里桥、新丰镇，流入平湖。平湖境段从嘉兴市新丰镇的交界起至东湖止，流经钟埭街道、曹桥街道和当湖街道，全长7.13公里，是平湖市两条主要来水河道之一。嘉兴塘是嘉兴市区下泄河道，其上游承纳嘉兴市区造纸、化工等行业的大量工业污水，是平湖市污染最严重的水域。

嘉兴塘监测结果表明，主要污染物溶解氧、高锰酸盐指数、五日生化需氧量、氨氮，1990年分别为4.79毫克/升、7.57毫克/升、3.99毫克/升、2.92毫克/升；“八五”期间分别为3.77毫克/升、8.44毫克/升、4.30毫克/升、3.63毫克/升；1999年分别为3.53毫克/升、7.71毫克/升、4.25毫克/升、2.77毫克/升，基本上有所趋缓，高锰酸指数浓度有好转；2005年平均含量为3.11毫克/升、9.63毫克/升、5.58毫克/升、7.46毫克/升。化学需氧量、总磷“八五”期间开始后均为Ⅴ类或劣于Ⅴ类。因此，嘉兴塘水质以有机物、氮、磷污染为主，综合评定1990年为Ⅳ类，“八五”期间为Ⅴ类，1999年为Ⅳ类，2005年为劣于Ⅴ类。

（二）海盐塘

古名陶泾塘，又称盐平塘，南与海盐县交界，流经乍浦镇、曹桥街道和当湖街道，北至东湖，全长8.104公里，是平湖市主要的两条来水河道之一。在海盐塘上布设有古横桥、淡水桥、斜桥3个站位。

海盐塘监测结果表明，主要污染物溶解氧、高锰酸盐指数、五日生化需氧量、氨氮，1990年分别为6.16毫克/升、6.72毫克/升、3.21毫克/升、1.43毫克/升；“八五”期间分别为3.81毫克/升、8.78毫克/升、4.08毫克/升、2.12毫克/升；1999年分别为3.47毫克/升、8.27毫克/升、4.37毫克/升、3.00毫克/升，基本上有所趋缓；2005年平均含量为4.02毫克/升，8.97毫克/升、7.47毫克/升、4.12毫克/升。化学需氧量、总磷“八五”期间开始后为Ⅴ类或劣于Ⅴ类；2005年化学需氧量、总磷为Ⅳ类。因此，海盐塘水质以有机物、氮、磷污染为主，综合评定1990年为Ⅳ类，"八五"期间为Ⅴ类，1999年为Ⅴ类，2005年劣于Ⅴ类。

（三）上海塘

上海塘自东湖北出口的吕公桥至泖口以北的上海交界，流经当湖街道、钟埭街道、广陈镇和新埭镇，全长19.99公里。上海塘上布设有一米厂、大齐塘、新埭青阳汇3个站位。

上海塘监测结果表明，主要污染物溶解氧、高锰酸盐指数、五日生化需氧量、氨氮，1990年分别为5.38毫克/升、7.09毫克/升、4.05毫克/升、1.72毫克/升；"八五"期间分别为3.65毫克/升、8.51毫克/升、3.91毫克/升、3.29毫克/升；1999年分别为3.36毫克/升、7.62毫克/升、4.85毫克/升、2.92毫克/升，基本上得到控制；2005年平均含量为3.42毫克/升，9.47毫克/升、7.22毫克/升、5.98毫克/升。化学需氧量、总磷"八五"期间开始后为Ⅴ类或劣于Ⅴ类，2005年化学需氧量Ⅳ类。因此，上海塘水质以有机物、氮、磷污染为主，综合评定1990年为Ⅳ类，"八五"期间为Ⅴ类，1999年为Ⅳ类，2005年为劣于Ⅴ类。

（四）广陈塘

广陈塘在平湖市境内，长17.26公里，自平湖东湖口洁芳桥起，流经当湖街道、钟埭街道、林埭镇、黄姑镇、广陈镇、新埭镇，至广陈小新村入上海市境内，并与上海塘汇合入黄浦江。在广陈塘上布设有当湖街道北三家村、广陈镇、广陈小新村3个站位。

广陈塘监测结果表明，主要污染物溶解氧、高锰酸盐指数、五日生化需氧量、氨氮，1990年分别为6.21毫克/升、6.62毫克/升、3.51毫克/升、1.08毫克/升；"八五"期间分别为4.15毫克/升、8.28毫克/升、3.50毫克/升、2.37毫克/升；1999年分别为4.55毫克/升、7.65毫克/升、4.55毫克/升、2.15毫克/升；2005年平均含量为3.84毫克/升，9.00毫克/升、6.94毫克/升、4.30毫克/升。1990年至2005年氨氮浓度上升3倍；化学需氧量、总磷"八五"

期间开始后为Ⅴ类或劣于Ⅴ类；2005年化学需氧量为Ⅳ类。因此，广陈塘水质以有机物、氮、磷污染为主，综合评定1990年为Ⅳ类，“八五”期间为Ⅴ类，1999年为Ⅳ类，2005年为劣于Ⅴ类。

（五）黄姑塘

黄姑塘始于平湖市的东湖，向东经林埭镇、黄姑镇、全塘镇，至金丝娘桥进入上海市金山区金山卫镇，全长31.96公里，平湖市境内段长26.44公里。

黄姑塘监测结果表明，主要污染物溶解氧、高锰酸盐指数、五日生化需氧量、氨氮，“八五”期间分别为3.77毫克/升、9.45毫克/升、3.96毫克/升、1.51毫克/升；1999年分别为2.58毫克/升、8.61毫克/升、4.77毫克/升、3.37毫克/升；2005年平均含量为2.83毫克/升，10.6毫克/升、6.44毫克/升、3.14毫克/升。1990年至2005年氨氮浓度上升1倍，化学需氧量、总磷“八五”期间开始后均为Ⅴ类或劣于Ⅴ类。因此，黄姑塘水质以有机物、氮、磷污染为主，综合评定“八五”期间为Ⅴ类，1999年为Ⅴ类，2005年为劣于Ⅴ类。

（六）乍浦塘

乍浦塘在平湖市境内，从东湖起，经当湖街道、林埭镇，最后到达乍浦镇，与乍浦港池相通，全长12.33公里，是平湖市南北方向的一条主要河道。乍浦塘上布设有乍浦水厂、战备桥、虹霓集镇3个测点站位。

乍浦塘监测结果表明，主要污染物溶解氧、高锰酸盐指数、五日生化需氧量、氨氮，“八五”期间分别为3.47毫克/升、9.40毫克/升、4.16毫克/升、2.12毫克/升；1999年分别为4.40毫克/升、7.64毫克/升、4.54毫克/升、2.64毫克/升，污染基本上得到控制；2005年平均含量为3.98毫克/升，9.41毫克/升、6.12毫克/升、4.38毫克/升。化学需氧量、总磷“八五”期间开始后均为Ⅴ类或劣于Ⅴ类。因此，乍浦塘水质以有机物、氮、磷污染为主，综合评定“八五”期间为Ⅴ类，1999年为Ⅳ类，2005年为劣于Ⅴ类。

二、地下水环境质量

根据市卫生防疫站(2001 年 11 月后改由市疾病预防控制中心)监测,全市地下水水质良好,符合饮用水源水质要求。

1990 年,监测城关镇自来水水质 40 样次,细菌总数合格率 82.1%,浑浊度合格率 100%。监测乍浦镇自来水质 32 样次,细菌总数合格率 90.6%,浑浊度合格率 100%。1998 年 5 月,对全市 19 个乡镇自来水厂进行水质全分析监测,符合国家 GB5749—85 生活饮用水卫生标准。2005 年,对当湖街道、乍浦镇等地自来水水质监测点进行每月一次常规监测,共采样 112 份,合格 110 份,合格率 98.21%。

三、近岸海域水环境质量

近岸海域水质监测委托浙江省海洋生态环境监测站进行监测,设两个监测站位,009 号站位(121.2282°E,30.651°N)所在海域属于独山四类功能区,执行《海水水质标准》(GB3097—1997)第四类标准;013 号站位(121.1524°E,30.5832°N)所在海域属于九龙山三类功能区,执行《海水水质标准》(GB3097—1997)第三类标准。

《海水水质标准》(GB3097—1997)标准限值

标准限值	活性磷酸盐(mg/L)	无机氮(mg/L)	化学需氧量(mg/L)	石油类(mg/L)
第三类	≤0.030	≤0.40	≤4	≤0.30
第四类	≤0.045	≤0.50	≤5	≤0.50

2005 年平湖市近岸海域功能区水质监测情况

监测时间	站位	水温(℃)	盐度	活性磷酸盐(mg/L)	活性硅酸盐(mg/L)	亚硝酸盐氮(mg/L)	硝酸盐氮(mg/L)	氨氮(mg/L)	化学需氧量(mg/L)	石油类(ug/L)	无机盐(mg/L)
2005.5.9	009	18.3	13.4	0.038	1.85	0.002	1.68	0.010	1.95	<6.5	1.69
	013	18.5	12.7	0.041	1.84	0.004	2.03	0.010	1.66	<6.5	2.04

续表

监测时间	站位	水温(℃)	盐度	活性磷酸盐(mg/L)	活性硅酸盐(mg/L)	亚硝酸盐氮(mg/L)	硝酸盐氮(mg/L)	氨氮(mg/L)	化学需氧量(mg/L)	石油类(ug/L)	无机盐(mg/L)
2005.7.10	009	29.6	11.7	0.054	2.67	0.003	1.65	0.006	1.95	<6.5	1.66
	013	29.8	11.4	0.055	2.64	0.006	1.70	<0.005	1.66	<6.5	1.71
2005.11.8	009	18.7	11.2	0.063	2.73	0.001	1.66	<0.005	1.00	<6.5	1.66
	013	19.4	11.3	0.063	2.64	0.001	1.83	<0.005	1.16	<6.5	1.83

2006年平湖市近岸海域功能区水质监测结果

监测时间	站位	水温(℃)	盐度	活性磷酸盐(mg/L)	活性硅酸盐(mg/L)	亚硝酸盐氮(mg/L)	硝酸盐氮(mg/L)	氨氮(mg/L)	无机氮(mg/L)	化学需氧量(mg/L)	石油类(μg/L)
2006.4.29	009	—	13.1	0.044	2.14	0.002	2.10	0.032	2.13	1.65	<6.5
	013	—	15.0	0.038	1.52	0.001	1.20	0.012	1.21	2.76	9.9
2006.7.30	009	—	10.1	0.058	2.78	0.003	1.34	<0.700	1.34	1.31	6.8
	013	—	10.0	0.057	2.88	0.008	1.91	<0.700	1.92	1.27	10.1
2006.10.25	009	23.6	14.2	0.036	—	<0.51	1.60	<0.700	1.60	1.59	<6.5
	013	23.7	13.3	0.055	—	<0.51	1.77	<0.700	1.77	1.16	6.8

浙江省海洋生态环境监测站每年对所设站位进行3次采样监测。多年监测结果表明,009号站位按四类海水水质标准、013号站位按三类海水水质标准均有无机氮、无机磷、活性磷酸盐等指标超标,水质均未达到所属功能区水质目标要求。

第二节　大气环境质量

国家于 1982 年 4 月 6 日颁布的 GB3095-82《大气环境质量标准》将大气质量分为三级：凡属国家规定的自然保护区、风景游览区、名胜古迹和疗养地等的大气环境质量，必须符合一级标准；凡属城市规划中确定的居民区、商业交通居民混合区、文化区、名胜古迹和农村的大气质量，必须符合二级标准；凡属大气污染比较严重的城镇和工业区及城市交通枢纽、干线等的大气环境质量，不得低于三级标准。执行一级标准的地区必须由国家确定，二、三级标准适用区域的地带范围由当地人民政府规定。1996 年 10 月 1 日起实施 GB3095-1996《大气环境质量标准》，替代 GB3095-82《大气环境质量标准》。

平湖市大气污染物主要来自工业企业生产过程中燃料燃烧、工艺处理时排放的废气，建筑和其他工程施工过程产生的扬尘，机动车船排放的废气，餐饮业的油烟排放等。废气污染物的主要成份是二氧化硫、氮氧化物、总悬浮颗粒物和降尘等。

1990 年以前，平湖曾进行多次大气环境监测。1990 年后，全市共设大气监测点 7 个，按 GB3095-82《大气环境质量标准》进行大气定点监测并系统上报数据资料。

一、二氧化硫

二氧化硫(SO_2)是指含硫燃料燃烧、硫化物矿石焙烧、冶炼过程中产生的具有刺激性气味的气体，它参与硫酸烟雾和酸雨的形成。

二氧化硫浓度由表统计表明，市域内年平均值基本持平，部分年份略有下降。其浓度一年中冬季最高，然后依次为春季、秋季和夏季。近年来，季节性差异正在逐渐缩小。1990—2005 年，平湖大气中二氧化硫的年平均浓度均达到国家二级标准(小于等于 0.060 mg/m^3)。

二、氮氧化物

氮氧化物(NOX)主要是一氧化氮和二氧化氮。氮氧化物污染与采用矿物燃料作能源有关,汽车数量日增,使氮氧化物成为城市大气主要污染物之一。

氮氧化物浓度由表统计表明,市域内年平均值基本持平,略有上升趋势,其浓度一年中冬季最高,然后依次为秋季、春季和夏季,季节性差异不明显。1990—2005 年,平湖大气中氮氧化物的年平均浓度均达到国家二级标准,小于等于 0.050 mg/m³。其间,2000 年后国家二级标准小于等于0.080 mg/m³。

三、总悬浮颗粒物

总悬浮颗粒物(TSP)是指悬浮于空气中的粒径小于 100 微米的微小固态颗粒和液粒,其主要来源有工业生产过程中产生的烟尘、粉尘以及风沙扬尘,还有气态污染物质经过物理化学反应在空气中产生的盐类颗粒。

总悬浮颗粒物浓度由表统计表明,市域内年平均值呈下降趋势。其浓度夏季较低,其他三季变化无一定规律。1990—2005 年,除 1992 年总悬浮颗粒物超过国家二级标准(小于等于 0.20 mg/m³)外,其他年份均达到国家二级标准。

四、降尘

降尘是指粒径大于 30-μm 的固体颗粒物的总称,计量单位是 t/(km²·月)。按国家规定,浙江省城市降尘浓度限值是 8 t/(km²·月)。

降尘浓度由表统计表明,1990—1996 年、2000—2003 年都超过降尘浓度限值 8t/(km²·月)。其中最高 1996 年,超标 53.8%。1990—1999 年期间,降尘的年平均浓度波动比较大。从 2001 年开始,呈下降趋势。

1990-2005年平湖市大气环境质量情况

单位:mg/m³

年份	年平均值			
	二氧化硫	氮氧化物	总悬浮颗粒物	降尘(t/km²·月)
1990	0.028	0.024	0.183	9.80
1991	0.022	0.023	0.150	9.75
1992	0.018	0.024	0.233	9.33
1993	0.017	0.023	0.122	11.00
1994	0.011	0.018	0.136	10.46
1995	0.018	0.018	0.127	8.59
1996	0.022	0.033	0.134	12.30
1997	0.029	0.023	0.199	
1998	0.018	0.026	0.131	7.74
1999	0.009	0.028	0.126	5.52
2000	0.007	0.026	0.149	9.64
2001	0.010	0.032	0.152	9.88
2002	0.011	0.034	0.158	9.48
2003	0.017	0.026	0.146	8.17
2004	0.022	0.028	0.163	6.45
2005	0.021	0.032	0.146	4.88

注:二氧化硫、氮氧化物、总悬浮颗粒物三个项目,1990—1999年为人工采样,2000—2005年为24小时连续自动采样。

五、酸雨

酸雨是指ph值小于5.6的雨雪或其他形式的大气降水,是大气受污染的一种表现。酸雨对生态环境有严重危害。衡量一个地区酸雨污染程度主要有两个方面:一是该地区出现酸雨的频次,二是大气降水的酸性强度(即ph值)。

1985—1995年,手工采集水样共644个,检出酸雨样品95个,总检出率为14.9%,酸雨总量占实测雨量的16.4.1%,降水ph均值为5.50,降水ph范围为3.27—8.37,酸雨频率最高的月份是冬季>春季>夏季。2002—2005年,24小时全自动采集水样263个，其中酸雨样品数为218个,4年单次降水ph最大值为7.79,最小值为3.15。降水ph年均值范围3.96—4.71,酸雨发生频率72.5%—87.3%,4年均为重酸雨区,雨频率最高的月份是冬季>春季>夏季。

1985—1995年平湖市大气降水监测情况

年份	监测点数	样品总数(个)	酸雨样品数(个)	酸雨率(%)	降水ph值		实测降水量(mm)	酸雨雨量率	
					平均值	范围		酸雨量(mm)	占实测雨量(%)
1985	1	60	6	10.0	5.50	4.43—7.44	1038.82	140.90	13.6
1986	1	46	7	15.2	5.25	4.01—7.80	927.96	182.70	19.7
1987	1	71	11	15.5	5.35	4.27—7.83	1066.40	225.20	21.1
1988	1	59	12	20.3	5.00	3.94—8.11	867.21	232.40	26.8
1989	1	60	21	35.0	5.07	3.88—8.37	1099.36	309.40	28.2
1990	1	49	5	10.0	5.57	4.33—8.09	1056.10	136.30	12.9
1991	1	69	8	11.0	6.23	5.32—8.33	1250.90	108.90	8.7
1992	1	45	6	13.3	5.29	4.30—7.72	1056.90	132.30	12.4
1993	1	80	5	6.3	5.98	4.53—7.89	1645.60	80.60	4.9
1994	1	59	11	18.6	5.74	4.38—7.86	919.30	204.70	22.3
1995	1	59	5	8.5	5.49	3.27—8.04	1139.80	107.10	9.4
合计	1	644	95	14.9	5.50	3.27—8.37	12068.35	1861.23	16.4

注:上述统计为手工采样所得。

2002—2005年平湖市大气降水监测情况

年份	样品数	pH值范围	酸雨样品数	酸雨率(%)
2002	80	3.29—7.79	58	72.5
2003	55	3.15—6.33	48	87.3
2004	66	3.58—6.79	56	84.8
2005	62	3.78—6.65	56	86.2

注:上述为24小时自动采样所得。

第三节　声环境质量

噪声污染主要有工业噪声、道路交通噪声、建筑施工噪声和社会生活中所产生的(如文化娱乐、集市贸易、商场营业等)噪声等。

解放初期,平湖县有袜厂、碾米厂等私营工业企业185家。随着工业的快速发展,至1989年底,全县已拥有工业企业3352家,工厂机器设备运行逐渐成为环境噪声的主要声源。由于平湖工厂与居民区、商业区混杂,直至90年代,工业噪声还时常影响居民区声环境质量。"八五"期间,随着机动车辆的快速增加,道路交通噪声成为声环境的又一个污染源。同时,随着城市建设的蓬勃发展和第三产业的兴起,建筑施工、文化娱乐、集市贸易和商店营业等社会生活噪声逐渐成为平湖声环境的重要污染源。

1982年8月1日,国家颁布GB3096-1982《城市环境噪声标准》;1986年8月,国家颁布《环境监测技术规范(噪声部分)》;1993年9月7日,国家颁布GB3096-1993《城市环境噪声标准》。

一、区域噪声

1993年、1995年,市区的居民文教区和混合区的噪声平均值都超过国家规定限值。从1999年创建噪声达标区以后,噪声污染得到控制,各功能区的噪声平均值均达到国家标准的要求,且比较稳定。

部分年份市区区域噪声年平均值

单位:dB(A)

年 份	居民文教区	混合区	工业区	平均值
1993	59.8	65.0	61.5	64.5
1995	64.1	66.3	64.3	65.3
1999	54.6	54.6	54.8	55.0
2000	54.2	55.8	57.2	55.9
2001	53.5	54.8	56.5	55.0

续表

年 份	居民文教区	混合区	工业区	平均值
2002	54.9	56.2	56.9	55.7
2003	54.9	56.4	56.8	55.8
2004	55.0	56.3	57.3	55.9
2005	54.8	56.1	57.4	55.7

注:国家规定限值:居民文教区,55 dB(A) ;混合区,60dB(A);工业集中区,65dB(A)。

二、工业噪声

工业噪声源主要有:电力、热力的生产和供应业,金属制品业,通用设备制造业和造纸业,这些企业的设备噪声都在80–110dB,车间整体噪声在70–90dB。工业噪声经设备隔声减震、厂房隔声吸声、空间距离衰减后,厂界噪声一般都能控制在65dB以下。

三、道路交通噪声

1991—1995年,城区以城南路、环城东路、环城南路、环城西路、环城北路、城北路作为交通及车辆过境主干线,拖拉机为高噪声源。至2005年,新增南市路、新华路、当湖路3条主要交通干线,城区的主要交通干线增至9条。全市机动车辆从1991年的1610辆增加到2005年的17679辆,成为道路交通噪声的主要污染源。在创建噪声达标区综合整治中采取拖拉机禁止进城、城区内禁鸣喇叭等措施,道路交通噪声有所缓解。交通噪声的平均值总体呈下降趋势,除1993年和1998年的平均值大于国家标准中规定的道路交通噪声控制值70 dB(A)外,其余各年的平均值均小于控制值。

部分年份城区道路交通噪声年均值

单位:dB(A)

1993年	1998年	1999年	2000年	2001年	2002年	2003年	2004年	2005年
74.6	70.6	68.0	67.2	67.0	66.1	67.3	67.7	66.0

第四节 主要污染物排放

1991—2005年，工业废气、二氧化硫、烟尘的排放量总体呈上升趋势；粉尘排放量自1995年开始逐步得到控制，总体呈下降趋势；废水及固体废弃物排放量维持在稳定的状态。2005年，工业废水排放量最大的行业为造纸和纸制品业，其次为纺织业，分别占全市工业废水排放量的65.7%和14.96%；化学需氧量自1998年起有下降趋势。

1991—2005年全市主要污染物排放情况

年份	废气排放量(万标立方米)	二氧化硫(吨)	烟尘(吨)	粉尘(吨)	废水排放量(万吨)	化学需氧量(吨)	氨氮(吨)	固体废弃物排放量(万吨)
1991	162347	4206.7	1226.6	8275.4	749.31	3205.94		0.0016
1992	180601	5165.2	1635.7	10114.4	996.27	3489.40		0
1993	240267	7183.4	2001.0	10676.5	1172.16	3338.73		0
1994	366814	8603.3	2094.0	18558.7	1613.54	3938.26		0.0543
1995	363789	8685.7	2234.0	10865.1	1762.41	3999.99		6
1996	124929	3397.8	1513.7	5579.1	384.49	560.64		0
1997	2144714	15167.6	3404.6	7043.5	1244.28	3031.18		0.01
1998	2796726	14619.0	3277.0	3627.0	1345.87	2549.37		0
1999	2373564	15362.2	2649.2	2031.6	1269.61	1708.70		0
2000	2436766	14405.9	2378.4	1556.3	1314.33	1475.86		0
2001	2855723	14315.2	2377.8	802.0	1410.35	1466.26		0.01
2002	2749431	14886.7	2395.0	790.9	1465.58	1798.23		0.01
2003	2894917	19021.1	2361.2	699.6	1264.93	1279.07	14.21	0
2004	3603349	35461.6	11188.3	380.0	908.67	986.35	8.19	0
2005	6015768	49892.1	3237.28	164.3	1251.66	1218.73	6.26	0

注：1996年的统计数据不包括乡镇工业企业。

第三章　环境保护监督管理

20世纪80年代以前，环境保护监督管理体系尚不健全。80年代以后，通过开展工业污染源调查、建立建设项目审批制度、依法征收排污费及实施环境保护目标责任制等措施，环境保护的监督管理工作日益加强和完善。1996年1月起，浙江省将城市环境综合整治定量考核的范围从省辖市扩大到所有县级市，定量考核的主要对象是市政府，环境保护成为政府主要行政管理职能之一。考核指标共27项，其中城市环境质量7项，污染控制指标9项，城市基础设施建设指标6项，环境管理指标5项。平湖市1996年开始城市环境综合整治定量考核试评分，1998年正式开展城市环境综合整治定量考核。

第一节　环境保护目标责任制

1989年，嘉兴市政府与县政府首次签订《环保目标责任书》，考核指标有41项。在此基础上，县政府结合平湖实际，在内容上又增加16个项目，共57项，其中城市综合治理5项、重点污染源治理49项、环境管理3项。县政府分别与7个部门和11个乡镇政府签订《环保目标责任书》，部门和乡镇政府将责任内容分解落实到基层，制订考核评分标准，年终组织检查和验收考评，切实履行监督管理职能。是年底，完成县级环保责任项目54项，完成率为94.7%。通过环保责任制的落实，新增废水处理能力7282吨/日，废气处理能力1.32万标立方米/时,全县“三废”治理投资累计372万元,年综合利用价值8万元,通过嘉兴市政府的考核验收,并获得一等奖。以后每年举行县(市)政府与各乡镇及有关部门环保目标责任书签约仪式,将责任项目进行分解落实,年终组织验收考核。

1997年起,市政府即在年初以文件形式下达环保目标责任项目。2001年开始,环保目标责任书中新增生态示范区建设的内容。2004年,全面启动生态市建设工作,市政府与各镇(街道)和13个部门签订年度生态市建设目标责任书,分解落实生态市建设的工作任务,制订《平湖市2004—2007年生态市建设目标责任制考核办法》。环境保护目标责任制的实施,明确环境保护成为政府主要行政管理职责之一,使改善环境质量、保护环境的目标任务得到层层落实。

第二节　建设项目环境管理

一、工业污染源调查

1984—1986年,分3批对全县652家工业企业进行污染源调查,基本查清工业企业污染物排放量、排放浓度、排放途径和河道污染情况及稀释自净能力。通过调查,建立和健全各系统、各企业污染源档案,并列出主要污染行业和主要工业产品万元产值排污系数表。1986年12月,经嘉兴市工业污染源调查验收组抽查,合格率为100%。1987年,被省、嘉兴市两级评为“工业污染源调查工作先进县”。

1990年6月至11月,根据国家、省、嘉兴市的统一部署,按照国家统一技术规范,开展全县乡镇工业污染源调查工作。建立由县环保办、乡镇企业局、统计局组成的领导小组,组建县、乡(镇)二级调查班子,举办两期技术培训班,投入人员60余人,经费6万元。按照调查技术规范要求,摸清187家详查企业和44家普查企业的污染情况,写出技术报告、试点调查报告、专题报告和工作总结,并绘制污染源分布图。12月,通过省、嘉兴市二级验收,达到国家规定的各项要求,被评为“乡镇工业污染源调查工作优秀县”。污染源调查成果,为加强乡镇企业的技术改造、企业管理、环境管理提供了科学依据。

1997年,按照省环保局统一部署,全面完成乡镇工业污染源调查工作,对全市346家乡镇企业进行较为详细的调查,摸清乡镇工业的污染情况。根据上级要求,下半年,在全市范围内开展污染物排放申报登记,年内首先完成全市40家重点污染企业的排污申报登记工作,基本掌握全市的污染排放动态,为污染物排放总量控制和环境监理工作打下了基础。

二、项目审批制度

对建设项目进行环保审批是控制新污染源产生的有效措施。1985年4月,省政府颁布《浙江省开发建设项目环境保护管理暂行办法》。1985年6月,为加强全县环境管理工作,严格控制新污染源的产生和加快对老企业污染源的治理进度,县政府结合当地实际,下发平政〔1985〕73号文件,明确规定:除建筑业、运输业、服装业外,凡新建、扩建、改建和技改项目(包括全民、集体、乡镇、校办、街道、联户、个体办)都必须严格执行环境保护“三同时”规定。从1985年起,县环保部门严格按照规定,对有污染的新建、改建、扩建和技术改造工程项目,执行主体工程与“三废”(废水、废气、废渣)治理设施同时设计、同时施工、同时投产的审批制度。审查重点是建设项目选址、“三废”治理方案和治理设施资金,同时开展对建设项目投产前环保设施的验收工作。1988年下半年开始,对电镀、印染行业实行环保许可证制度,对厂址布局合理、治理设施配套、管理制度健全的电镀厂和印染厂颁发“环境保护许可证”,对一时达不到要求的电镀厂、印染厂暂发“环境保护临时许可证”,对个别治理污染设施条件差的企业责成限期治理。1984—1989年,共审查各类建设项目875个,大中型项目“三同时”执行率达100%,建设项目环境影响审查率和“三同时”合格率,均名列全省前茅。

1989年以后,在建设项目审查中,逐步实行规范化、程序化。根据有关规定,将审批条件具体列为四项。(一)建设项目须符合国家、省有关产业发展政策和开发建设项目环境管理办法,乡镇企业建设必须符合国发〔1984〕135号文件规定,不得发展“两类”企业;(二)建设项目选址须符合县城总体规划或当地村镇规划;(三)建设项目中存在的污染因素,须有切实有效的防治措施,并执行“三同时”;(四)建设单位(包括全民、集体、个体)需填报《环境影响报告表》。按规定顺序审批。

市环保局建立后,为从源头上控制新污染源的产生,进一步强化建设项目的环境管理,积极参与宏观决策,做好部门协调工作。1996年,开展全市工业技改项目调查摸底,深入有关经济综合部门和企业,了解工业经济状况、技改意向和环保上存在的问题,做到提前介入,为环评审批工作取得主动创造条件。1997年,市政府下发《平湖市建设项目环境保护管理办法》,进一步完善建设项目环境管理制度。1998年,国务院《建设项目环境保护管理条例》颁布后,切实履行环保第一审批权,经济综合部门和工商、城建、土地、金融等部门按照各自职责,积极配合环保部门工作,把住建设项目审批、工商登记、土地使用、设计审查和竣工验收关。各乡镇政府、各主管部门根据目标责任制要求,认真落实责任项目,督促有关单位按照国家环境保护政策和法律法规,严格执行环境影响评价和“三同时”制度,落实污染治理措施和资金。环保部门加强对建设项目“三同时”执行情况的监督管理,在加强建设项目审批工作的基础上,加大建设项目“三同时”执行情况的管理力度,对需执行“三同时”的建设项目,不定期进行检查,掌握建设项目动态,对一些重点项目,反复上门检查、指导、督促企业抓紧污染治理设施的建设,有效控制新污染源产生。

1999年3月,针对日益突出的饮食娱乐服务行业环境污染问题,环保、工商、公安、文化、建设、卫生、交通等部门联合制定《平湖市饮食娱乐服务业环境保护管理办法(试行)》,切实加强对饮食娱乐服务业建设项目的环保审批和管理。

在严格执行建设项目环保审批和管理的同时，注意引导企业自觉遵守环保法律法规,接受社会公众和舆论监督,使依法排污和选择清洁生产方式成为企业的自觉行动。2004年,首次开展“平湖市企业环保信用等级评定工作”,并确定第一批63家污染物排放企业列入评定对象,组织企业按季自评,环境监察大队对63家评定对象企业按9类19项指标做好季度测评,采用AAA、AA、A、B四个等级进行评定,在新闻媒体上公布年度环保信用等级评定结果,将评定结果作为政府资金补助、建设项目审批、银行贷款等环保审查方面的重要依据,使企业的环境管理力度得到强化,有效增强企业的环保自律意识。经全年总体考评,共评出AAA级企业7家(平湖市通兴纺织品印染有限公司、平湖市永新电镀有限公司、平湖水口电镀厂、平湖市宏伟化工有限公司、平湖市林埭柳庄塑料制品厂、平湖市永联服装洗涤有限公司、浙江景兴纸业股份有限公司)、AA级企业25家、A级企业5家、B级企业26家。

三、环境管理体系认证与清洁生产

1996年,国际标准化组织(ISO)颁布ISO14000环境管理系列标准,浙江省于1997年开始推行。2001年起,全市积极开展ISO14000环境管理体系的认证工作,逐步用先进的环境管理制度规范企业环境保护行为,提升外向型企业形象和市场竞争力,举办环境管理体系认证内审培训班,推进ISO14000环境管理体系认证工作。2002年1月28日,平湖市悦莱春毛衫制衣有限公司成为全市率先通过ISO14000环境管理系列标准认证的企业。年内共有7家企业通过ISO14000环境管理系列标准的认证,13家企业开展ISO14000环境管理体系的咨询。至2005年底,全市共有34家企业(其中嘉兴港区2家企业)通过ISO14000环境管理系列标准认证。

清洁生产是工业污染防治的必然要求。按照《清洁生产促进法》的要求,2002年，景兴纸业有限公司被省环保局列为首批清洁生产审核单位。2004年,对天神皮革有限公司、荣晟纸业和景丰纸业等3家企业组织开展清洁生产审核。全市有15家企业被定为清洁生产审核试点企业。至2005年底,上述4家企业通过清洁生产审核。

1996—2005年平湖市建设项目审批情况

年份	项目审批数（个）	项目否决情况		“三同时”执行情况	备注
		否决原因	否决数（个）		
1996	75			环保设施投资462.99万元，占项目总投资1.83%	项目总投资2.53亿元
1997	104			环保设施投资541.7万元，占项目总投资1.37%	项目总投资3.96亿元
1998	146			环保设施投资644万元，合格执行率100%	项目总投资2.51亿元
1999	411	污染较严重、选址不合理	3	合格执行率100%	项目总投资18亿元
2000	479	与产业政策不符、污染严重、选址不当	20	需执行“三同时”项目22个，当年验收4个	其中饮食娱乐服务业项目168项
2001	533	与产业政策不符、污染严重、选址不当	20	合格执行率100%	其中饮食娱乐服务业项目129项。
2002	464	与产业政策不符、污染措施无法落实、选址不当	12	合格执行率100%	其中饮食娱乐服务业项目98项
2003	820			合格执行率100%	其中饮食娱乐服务业项目132项
2004	626	锅炉选型不当、选址不当	4	合格执行率100%	其中饮食娱乐服务业项目134项
2005	656			对近3年来110个项目实施全过程跟踪监察	其中饮食娱乐服务业项目76项

说明：1.建设项目审批数中含嘉兴港区2002年3个、2003年44个、2004年32个、2005年79个。

2.“三同时”指主体工程与“三废”（废水、废气、废渣）治理设施同时设计、同时施工、同时投产使用。

第三节　饮用水源保护区建设

1991年5月，开展地表水环境功能保护区划分工作，由环保、水利、卫生、城建、农林、乡企等6个部门技术人员参加，收集调查单元内自然、经济、水资源利用、水功能现状以及水文、水质、污染源等方面的资料，运用综合分析的方法对各功能区水域的水质及其影响因素进行分析和评价，提出以饮用水源保护区划分方案为重点的地表水环境功能保护区划分方案。划定海盐（盐平）塘平湖地面水厂、乍浦塘乍浦地面水厂为饮用水源保护区；东湖及其主河道近东湖段为Ⅳ类一般工业用水区；上海塘、黄姑塘、平湖塘为Ⅲ类多功能区。1992年，地表水饮用水源保护区划分方案由嘉兴市统一上报省政府批准实施。

1994年，平湖地面水厂启用，市环境监测站连续3天对水源保护区水质进行动态监测，并加强饮用水源保护区的经常性监测，及时为市政府采取措施提供决策依据。在此基础上，督促重点污染源平湖化肥厂和平湖酚醛树脂厂采取限期治理措施减少排污。平湖化肥厂完成二水循环，并将排污口东排海盐塘改为北排嘉兴塘；平湖酚醛树脂厂在正规治理设施上马前，将工艺废水暂时用吸附等办法一级处理后贮存起来。环保、工商、航管三部门还联合对保护区内11个水上加油站进行全面清理。取缔2个水面流动加油站，对其他陆上加油站提出污染防治措施，以防止突发性油污染事故发生。

1996年，平湖化肥厂投资60多万元用于造气废水的处理，实行清污分流，减轻对地面水厂取水口的影响，使脱硫冷却水氨氮指标和碳化冷却水氨氮指标分别下降到8.28mg/L和40.55mg/L，达到国家排放标准；平湖酚醛树脂厂投资12万元，引进清华大学含酚废水萃取工艺及设备；平湖长胜船厂投资7.6万元，治理喷洗除锈中产生的废水，使油分进一步分离，细小悬浮物和色度被去除,出水达标排放。

2000 年 10 月,市政府下发《平湖市饮用水水源污染防治管理办法》,开展海盐(盐平)塘规范化饮用水地表水源保护区建设工作。全面清理、整顿水源保护区内的污染源,健全水源保护区管理制度,设立饮用水水源保护区标志牌。2001 年,对平湖地面水厂取水口一级保护区进行环境整治,拆除长胜船厂、东湖造船厂、全家鸭场等排污口,迁移位于二级保护区的水上加油站点,进一步加强饮用水地表水源的保护。2003 年 3 月,海盐(盐平)塘饮用水源保护区规范化建设工作通过嘉兴市组织的验收。

2004 年,为解决市东片区域的生活、生产用水,计划新建广陈地面水厂,启动广陈塘饮用水地表水源保护区的划分工作,会同建设局、水利局现场察看整个广陈塘及主要支流情况, 对广陈塘及相关流域沿岸的 18 个建制村的基本情况进行摸底调查,编制《平湖市广陈塘饮用水地表水水源保护区划分技术报告》。6 月 28 日,该报告通过嘉兴市专家组项目方案评审,报省政府审批。

2005 年,针对饮用水源安全问题,开展海盐(盐平)塘饮用水源保护区划分的调整工作,将乍嘉苏航道与盐平塘交叉口部分河段纳入饮用水源保护区范围。

第四节　排污申报登记与收费

20 世纪 80 年代以后,随着全县工农业生产的迅速发展,工业“三废”对环境的污染日趋严重。根据 1983 年度全县主要企、事业单位不完全统计, 全县未经处理直接排入河道的各类废水达 1182 万吨, 处理率仅占 0.6%。按耗煤计算,排入大气的污染物总量为 104870.7 万标立方米,废渣和噪声污染亦很严重。为坚决贯彻环境保护基本国策,促进企事业单位加强经营管理,减少污染物排放,开展能源综合利用,加快“三废”治理,保障人民身体健康，根据《中华人民共和国环境保护法》、《水污染防治法》、国务院关于《征收排污费暂行办法》和《省防治污染暂行规定》、《省征收排污费和罚款暂行条例》，县政府于1984年6月决定从第二季度开始，对全县各企、事业单位超标排放污染物，实行征收排污费。收费项目有废水、废气、粉尘、噪声等4项。当年分期分批对全县32家污染较严重的企业单位征收排污费，共计金额22.77万元。至1989年，被征单位扩大到92家，累计收费总额348.9万元。1985—1989年，用于环保补助资金70.14万元，贷款113.65万元(其中豁免22.2万元)。

90年代，随着工业污染源调查工作的开展，本着"谁污染，谁治理；谁开发，谁保护；谁破坏，谁恢复；谁利用，谁补偿"的资源开发利用环境保护原则，排污收费工作进一步加强，充分利用征收排污费这一经济杠杆，促进企业治理污染的自觉性和积极性。1996年，在清理历年欠账的基础上，建立和完善收费台账等工作制度。全面开征餐饮娱乐业废水、废气、噪声排污费，拓展收费面，当年收费单位229家，征收排污费313万元。1997年4月起，在巩固工业企业排污收费的基础上，开征建筑施工噪声排污费，进一步扩大排污收费面。1998年，在全市范围开展排放污染物申报登记工作，申报登记企业320家，其中重点排污企业48家。年内，开始实现排污收费的计算机管理，进一步提高环境监察的工作效率。2000年，在做好年度环境统计工作的基础上，集中管理、监理、监测部门的人员力量对全市各乡镇的工业企业开展大规模的动态排污申报登记工作，建成工业污染企业排污申报登记数据库。及时组织污染治理项目的验收，归档整理60多个治理项目的验收资料。实行"一厂一册"，建立工业污染企业动态档案，使工业污染源的管理工作有了新的进展，也为排污费的征收打好基础。

2003年7月1日起，实施国务院《排污费征收使用管理条例》(以下简称《条例》)，由单因子浓度收费转化为多因子总量收费。按照《条例》规定，组织力量对排污企业进行《条例》有关排污收费的学习讲解,对重点污染企业进行集中培训,按全国统一表式组织申报,规范排污申报、审核、排污量核定、排污费计算、缴费通知送达并公告等征收程序,顺利实现新、老收费标准的平衡过渡。

排污申报、核定是排污收费工作的基础。为准确掌握企业实际排放量,全面公正实施排污收费制度,首创排污申报年度现场核查制,将财税部门"纳税申报,依法核查"机制导入排污收费工作。设计制作"排污申报现场核查表",以申报现场核查为切入点,组织布置一年度申报工作。重点排污企业逐一上门检查,并要求企业提供上一年度原辅材料、产品产量、用水、耗煤等原始凭证、台账、报表,对各排污单位逐个核对。在此基础上,填写"排污申报现场检查表",经双方签字后作为申报下一年度排污情况的基础材料之一,同时要求排污单位申报下一年度排污量。排污申报年度现场核查制,使企业对申报要求、计算方法、计算口径更加明确,提高数据准确性,为正确、全面、足额排污费征收提供了保障。所征排污费除20%上缴省财政及国库外,其余均用作地方污染治理,主要用于污染源整治、企业综合治理补助、购置环保仪器设备等。

1984—2005年排污费征收情况

年份	征收排污费(万元)	征收单位(家)	年份	征收排污费(万元)	征收单位(家)
1984	22.77	32	1991	72.50	
1985	45.90	61	1992	122.00	105
1986	68.71	77	1993	135.00	126
1987	72.27	69	1994	130.00	153
1988	76.59	89	1995	145.30	126
1989	62.66	92	1996	313.00	229
1990	66.60	92	1997	330.00	634(家次)

续表

年份	征收排污费（万元）	征收单位（家）	年份	征收排污费（万元）	征收单位（家）
1998	290.00	363（家次）	2002	357.60	524
1999	300.00	386	2003	457.90	806（家次）
2000	295.00	426	2004	610.88	971（家次）
2001	262.00	447	2005	748.90	503
累计	4985.58 万元 （表中数据含嘉兴港区 2002 年 3.6 万元、2003 年 21.9 万元、2005 年 108 万元。）				

备注：1.1996 年 3 月起开征餐饮业、娱乐业排污费。
2.1997 年 4 月起开征建筑施工噪声排污费。

附：

浙江省污染物分类、分级标准

（一）废水

第一类：PH 值、化学耗氧量、生化需氧量、悬浮物；

第二类：硫化物、挥发性酚、氟的无机化合物、石油类、有机磷、铜及其化合物、锌及其化合物、氰化物、硝基苯类、苯胺类；

第三类：汞、镉、砷、铅及无机化合物、六价铬化合物；

第四类：病原体。

（二）废气

⑴烟尘：各种锅炉和工业炉窑排放的烟尘，按林格曼浓度或超标倍数收费；

⑵生产性粉尘：

第一类：玻璃棉、矿渣棉、石棉、铝化物；

第二类：电站煤粉、水泥粉尘；

第三类:炼钢炉粉尘及其他粉尘。

以超标排放量收费。

(3)十二种废气:

第一类:二氧化硫、二氧化碳、硫化氢、氟化物、氮氧化物、氯、氯化氢、一氧化碳,以超标排放量收费;

第二类:硫酸(雾)、铅、汞、铍化物,以超标浓度收费。

(三)废渣

第一类:含汞、镉、砷、六价铬、铅、氰化物、黄磷及其他可溶性剧毒物废渣,未经无害化处理任意堆放或向水体倾倒的,按废渣重量收费;

第二类:电厂粉煤灰;

第三类:其他工业废渣。

上述二、三类废渣,向水体倾倒或无专设堆放场所的,按重量收费。

(四)噪声

凡超过《城市区域环境噪声标准》的,按超标分贝数确定收费标准。

第五节　水污染治理

20 世纪 80 年代后,随着工业发展步伐的加快,工业废水未经处理直接排入河道,是河水水质污染的主要原因。1987 年枯水期地面水监测,境内上海塘、嘉兴塘、嘉善塘、六里塘、东湖等河水 NH3-N(氨氮)浓度均超过地面水环境质量标准(GB3838-88)中Ⅴ类水域标准,其中上海塘、广陈塘、东湖水 BOD5(生化需要量)超过Ⅲ类水域标准。1989 年,工业废水排放总量 992.15 万吨,比 1981 年的 345 万吨增长 1.88 倍,其中超标排放的废水量 529.03 万吨,占废水总排放量的 53.3%。

一、工业污水治理

工业污水治理,先是要求各企业分散处理,做到达标排放;后是建立污水管网，在企业达标排放的前提下，排出的污水进入污水管网，进行再处理。1979年，平湖农药厂马拉松车间采用活性污泥法处理农药废水，总投资5.9万元，1980年投入运行。是年6月，平湖第一针织厂以同样方法处理印染废水。此后，其余印染企业先后采用厌氧、气浮等方法进行印染废水治理。1984年，电镀行业运用离子交换、微孔烧结过滤等方法处理废水。1988年，有9家电镀企业使用ZH-3型多功能净水器处理废水。1989年末，全县有10家印染企业和12家电镀厂(点)的废水得到治理，废水中有害物质含量控制在规定标准内；利用废纸生产的4家造纸厂进行废浆回收和白水回用，以减轻对水体的污染。是年末，全县废水治理设施共有41台(套)，年废水处理能力208.9万吨，有害废水处理率为39.5%。

1992年，在严格控制新污染源产生的同时，积极推进老污染源治理步伐。被列为省控、嘉兴市控的重点污染源化肥厂、味精厂、橡胶一厂和酒厂，在开展排污申报登记的基础上分别制订治理规划。化肥厂完成造气废水处理，实现造气废水的循环使用，大大减少了废水排放量；酒厂对高浓度的酒精废醪采用离心分离设备进行一级处理，有效地去除有机悬浮物；橡胶一厂对废水管网进行清理，实行清污分流；味精厂从改造工艺入手，减少排污。这些措施在一定程度上缓解了对水环境的污染。

1993年，加大对重点污染源的治理力度，全市13家重点污染源企业，污染负荷占全市的85%以上。在制订治理规划和分年度实施的基础上，积极抓紧推进，4家企业开展废水处理和循环用水，6家企业对排污管道作了清污分流，3家企业安装超声波污水流量机。其中应用于缫丝汰头废水处理的"TAD-气浮法"废水处理工艺，填补省内空白，分别获得国家专利、国家环保总局1993年度科技进步二等奖和省环保局科技进步一等奖，并被评为国家最佳环保实用技术在全国推广。重点污染源的治理，有效地遏制了水源水质的恶化趋势，减轻了对水环境的压力。至1995年底，全市在污染治理上投入已达到1700余万元，形成了相当规模的工业废水废气处理能力。

1996年，在老污染源治理上，采取突出重点与兼顾一般相结合的方法,分阶段、有重点地加强对企业环境污染的管理,督促企业强化环保意识,自觉进行污染控制和治理。尤其是加强饮用水源的保护,对严重影响地面水厂水源的化肥厂、酚醛厂、长胜船厂等几家企业分别落实措施进行督促治理,保护和改善了河道水质。

1997年,市政府出台《建设项目环境保护管理办法》。为确保1998年太湖流域水污染工业企业达标排放和2000年所有工业企业达标排放的污染治理目标,根据全市工业企业的污染现状,市政府作出限期治理决定,公布第一批限期治理名单,共涉及31家企业。其中,1997年度限期治理企业13家到年底均全部完成。

1998年,国务院下达太湖流域水污染企业年底达标排放硬任务。全市列入省重点控制的水污染企业有12家，列入市重点控制的水污染企业有7家。在全市的共同努力下,年内12家省重点控制的水污染企业通过省环保局和嘉兴市环保局验收,7家市重点控制的水污染企业通过市环保局验收,全部达到国家和地方规定的工业水污染源达标排放要求。全年投入治理资金1200多万元,累计形成年处理废水规模近1100万吨,每年可削减污染物COD(化学耗氧量)排放量3800吨。

2000年,贯彻环境保护“一控双达标”。“一控双达标”是国务院《关于环境保护若干问题的决定》中明确规定的“九五”环境保护目标。根据国家环境保护“一控双达标”工作要求,市政府结合实际制定全市“一控双达标”工作目标,即:至2000年底,全市主要污染物排放量控制在嘉兴市政府下达的总量控制指标内;至2000年底,全市所有工业污染源污染物排放达到国家规定的排放标准;当湖镇环境噪声达标区和环境空气质量达到国家规定的标准。围绕“一控双达标”工作重点,年内,加大工业污染源的治理力度,全市112家工业污染企业中,除20家关停外,其余企业均实现主要污染物的达标排放。治理达标后,工业废水每年排放化学需氧量比“八五”末下降70.06%,排放烟尘、粉尘分别比“八五”末下降11.71%和96.44%。2000年10月,通过嘉兴市政府环境保护“一控双达标”工作的考核验收。

2001年,市政府批转市环保局《关于对小染线企业实行集中建设和管理的意见》,对服装业的辅助产业——染线行业提出集中建设和管理的具体政策意见,既强化污染集中控制措施,又使染线业的建设符合国家产业政策,同时也促进平湖“服装强市”的建设。2002年,基本完成林埭镇盈通印染中心有限公司及钟埭镇丸荣印染有限公司两个染线集聚点的建设,有6家小染线企业进入集聚点并投入生产,污水处理设施同步运行,实现“三同时”。

2003年,开展“清理整顿不法排污企业,保障群众身体健康”活动,重点实施全市11家电镀企业的专项整治,出台电镀行业污染整治工作意见,督促企业完善日常管理制度,提高企业环境保护管理水平,确保水污染物达标排放及污泥的及时妥善处置,规范电镀企业排污口设置;对小染线企业的集中建设和管理开展清理检查,关停1家未进入集聚点的染线企业。

2004年,针对工业污染防治中出现的新情况、新问题,开展分行业集中整治工作。3月,在新仓镇召开会议,对童车行业水污染进行全面整治。在整治工作中,帮助企业提供信息及技术指导,完善治污措施,采取废水委托集中处理。

2005年,全面推进工业企业污染整治工作,确定“六个一批”的整治目标任务。一是限期治理一批。对不能长期稳定达标的企业,由市政府作出限期治理决定。市政府对15家企业分两批作出限期治理决定。至年底,13家企业全部完成治理设施改造,2家企业进行搬迁,基本达到限期治理的要求。二是关闭淘汰一批。按照国家产业政策,对明令禁止的落后设施、落后生产工艺进行淘汰关闭。2005年,淘汰全市所有水泥窑生产线,涉及4家水泥生产企业的8条立窑水泥生产线及1条小型回转窑生产线,淘汰生产能力90万吨,每条生产线由市财政补助60万元。电镀生产企业的含氰电镀工艺也将有计划地加以淘汰。三是限期入网一批。加强排污单位的污水入网工作,对集污管网范围内已具备入网条件的企业,加快入网进度。至年底,已有68家单位的污水排入污水管网。四是积极搬迁一批。结合城市改造建设,将有污染的企业实施搬迁。城北大桥电镀制版厂、平湖麦芽厂、老鼎丰酿造厂、三星纺织品有限责任公司、华业标准件有限公司、金象纺织品有限公司等6家企业年内实施搬迁。五是重点监管一批。对达标率相对较高企业和入网企业进行重点监管,充分利用节假日、夜间开展突击执法检查。全年检查3724厂(次),对72起环境违法行为作出行政处罚,处罚金额113万元,是2004年的1.63倍。六是分行业整治一批。对电镀等金属表面处理企业的污染整治工作进一步加以规范,结合实际在新仓镇创新童车行业废水委托集中处理模式,提高废水治理设施效率和童车行业水污染防治水平。

二、污水管网建设

1999年,平湖市开始铺设污水管网,在解放西路改造时预埋污水管道。2000年6月,省发计委发文批准《平湖市区污水管网工程可行性研究报告》。2001年3月,成立污水管网工程建设业主单位——平湖市污水处理有限责任公司,市域污水治理工程进入实施阶段。市域污水处理系统分东西两片实施。西片覆盖当湖镇、曹桥乡、钟埭镇(经济开发区),东片为新埭镇、林埭镇、广陈镇、新仓镇、黄姑镇、全塘镇和独山港区。西片及东片的新埭镇、林埭镇,收集的污水通过污水管网接入嘉兴污水总管,经嘉兴市联合污水处理厂处理达标后排海。东片其他四镇一区的污水,将通过管网接入规划建设中处理能力5万吨/日的污水处理厂进行处理。2002年10月,市区已建成的西片污水管网与嘉兴市污水总管并网,已铺设污水管道的住宅区市民的生活污水不再排入雨水井,而是直接排入城市污水管网,实行雨污分流。

2005年,西片污水管网工程共完成埋设管线130.7公里,其中主管线

76.2 公里，支管线 54.5 公里，建成污水泵站 5 座(1、5、6、7、8 号)，管网工程总投入 10802 万元。城区污水管网工程建设和污水收集工作由外围转移到城市中心区域，管网达到每天 4 万吨的污水收集能力，实际收集污水 3.2 万吨/日，其中生活污水 0.9 万吨/日。当湖、曹桥、钟埭 3 个街道沿线 72 家企业的工业和生活污水入网，全市主要工业污染企业的 55.6%污水量已排入污水管网。

三、农村污水处理

2004 年，开展农民新村生活污水处理和农村农户污水处理的试点和推广工作，采用省内现有的 6 种主要治理技术(人工生态湿地、沼气、玻璃钢一体化设施、高效无动力厌氧、强化型氧化塘、灵活组态的生物处理等技术)。

2005 年起，对新建的农民新村建设污水集中处理设施，对整治村结合实际，建设污水集中处理、相对集中处理或分散处理设施，总共对 2180 户农村生活污水和农户污水进行处理。同时，在规范市级医疗机构水污染治理设施的基础上，落实镇(街道)9 所卫生院水污染治理设施的建设任务。

第六节 大气污染治理

一、烟尘、粉尘治理

平湖历来以煤为主要能源，大气污染以燃煤引起的烟尘污染为主。1984 年，嘉兴市政府发布《关于嘉兴市消烟除尘暂行管理条例》，全县对 75 个单位的锅炉、炉窑、煤灶进行摸底调查，掌握其分布和污染状况及其治理动态。1985 年开始，把消烟除尘作为重点进行改造治理，组织有关单位参观学习嘉兴市区的炉灶改造工作和召开企业锅炉改造现场会议，制订治理方案。农药厂、丝毯厂、油厂先后对原有锅炉作了更新和改造，平湖浴室 0.2 吨立式、玻璃厂 0.5 吨卧式等锅炉也相继进行改造，既节约了能源，又达到消烟除尘要求。1986年,针对老企业污染状况,结合企业技术改造,加大对企业锅炉的改造力度,制药厂、酿造厂、味精厂、橡胶厂等分别更新2吨以上的链条锅炉;二轻轧钢厂、胜利轧钢厂对加热炉进行改造;大华染整厂、平湖城关染厂、港中酒厂、平湖旅馆、前进电工厂、城关中学等分别对生产、生活锅炉进行改造,部分煤灶安装反烧器。1987年,在消烟除尘工作中加强对水泥行业的粉尘治理,南桥、新仓、白马、共建等地的水泥厂投资15.9万元,对一些主要扬尘点采用高压静电除尘、袋式除尘等回收粉尘,收到了环境、经济双重效益。

1985—1988年,创建县城烟尘控制区。1989年实施环境保护目标责任制后,消烟除尘工作不断加强与推进。1996年,实施省环保“六个一”工程,对平湖水泥厂、二轻水泥厂等进行督促指导,加快水泥行业粉尘治理进度,有6家水泥厂配置水喷淋除尘器、高压静电除尘器和袋式除尘器等122台(组),其中平湖水泥厂于年底通过省“六个一”工程验收,大气环境质量得到有效改善。

二、创建烟尘控制区

1985年开始,县城范围内烟尘治理工作起步。经过两年多时间的调查研究和实践摸索,1988年4月县政府下发《关于创建县城烟尘控制区的通知》,主要是对各种锅炉、窑炉、茶炉、营业灶和食堂大灶(简称“炉窑灶”)排放的烟色黑度和各种炉窑、工业设施排放的烟尘浓度进行定量控制,使其达到规定的标准,要求在年内城关镇创建第一个烟尘控制区。至12月底,创建县城4平方公里的烟尘控制区工作基本完成。1989年,县城内109台锅炉(其中工业锅炉57台、生活锅炉52台)、225台煤灶,年耗煤量10.1万吨,占全县耗煤量的70%,锅炉、窑炉、煤灶的改造治理率分别达到99.1%、76.6%和96.5%。经监测,锅炉、窑炉的烟尘排放达标率分别为75%和85.7%,炉、窑、灶的烟色合格率分别达到97%、80%和96.5%。经嘉兴市人民政府验收,符合国家颁布的城市烟尘控制区标准。1997年,县城烟尘控制区扩建到7.6平方公里。2001年,市政府出台《平湖市城市烟尘污染防治管理办法》,在城市建成区范围内禁止燃用高污染的燃料,并逐步淘汰1吨以下燃煤锅炉。2002年,市环保局会同质监、城管等部门联合下发《关于淘汰小型锅炉和散煤灶的实施意见》,在市区范围内消除燃用生物质燃料的现象,淘汰1吨及1吨以下燃煤锅炉26台、食堂散煤灶33眼。完成烟尘控制区扩建工作,将烟尘控制区面积扩大到18.27平方公里。

在巩固城关镇烟尘控制区建设的基础上,1996年创建乍浦镇烟尘控制区,制订《创建乍浦镇烟尘控制区的实施意见》,在试点的基础上,全面推广。至年末,改造炉窑100台,改造率92.59%,烟尘合格率91.11%,基本达到烟控区要求。2003年,启动新埭、新仓、黄姑、全塘等4个乡镇的烟尘控制区创建工作。

2003年,按照创建文明城市的要求,加强对烟控区的日常监督检查,推动"无烟城"建设,对市区范围内17家单位锅炉烟尘污染防治提出明确要求,其中有10家单位的烟尘排放达到国家规定的要求,其余7家纳入整治、入热网或搬迁计划。同时加快建设城市热网工程,促进烟囱整治。

2005年,城市热网工程建设主干网10.8公里、支管网7.2公里,全市入热网用户39家,相关锅炉淘汰工作逐步展开,拆除11个烟囱。结合天然气工程建设,扩大天然气供气范围,逐步改造市区内燃煤锅炉,全市已有17家企业使用天然气。同时开展对市区开水炉的调查,并会同经贸、城管等部门制定和实施市区开水炉整治工作意见,进一步规范市区开水炉的管理。

三、餐饮业油烟限期治理

随着市区范围内餐饮企业的不断增加,餐饮业油烟污染对环境及居民生活的影响日趋严重。2002年,市政府作出对市区范围内第一批餐饮企业油烟污染实行限期治理的决定,切实加强限期治理工作的检查督促,全市共完成61家餐饮企业的油烟污染治理工作,城市餐饮业油烟污染处理能力达到29.7万立方米/小时。2003年,完成市区第二批42家餐饮企业的油烟限期治理工作,14家新建餐饮企业的油烟污染治理实行“三同时”。2004年,市政府下发《关于加强油烟污染防治设施运行管理的通知》,进一步规范餐饮业治理设施运行。

第七节　噪声污染治理

一、工业噪声治理

工业噪声的治理措施主要是:选用低噪声设备;合理布置高噪声设备及生产车间位置,使之尽可能远离厂界;封闭生产车间,采用隔声门窗、隔声吸声墙体材料,设备加装减震垫、隔声罩;夜间禁止生产,加强厂区绿化等。1982年7月,平湖化纤厂投资1.13万元,对该厂空压机站的噪声进行治理,使车间噪声下降9分贝。此后,先后分别对平湖针织厂、平湖橡胶厂的空压机房及平湖化纤厂、平湖棉纺织厂、上海石化平湖经编联营厂的织造、拉丝车间进行噪声治理。治理方法为:空气机排气口安装消声器,生产车间采用超细玻璃棉、膨胀珍珠岩等材料吸声处理。吸声后可降低车间噪声4分贝左右,安装消声器后降低10分贝左右。

进入20世纪90年代后,随着工业开发区的建立,城区内工厂的逐步外迁及噪声污染治理,工业噪声污染现象得到控制,工业噪声经设备隔声减震、厂房隔声吸声、空间距离衰减后,厂界噪声一般都能控制在65dB以下,达到国家标准要求。

二、交通噪声治理

“八五”期间,随着机动车辆的快速增加,道路交通噪声又成为城市声环境的污染源。1998年,开展城关镇环境噪声达标区建设的前期准备工作,对拟创建的环境噪声达标区范围进行全面的监测评价,并在市区实施机动车辆禁鸣喇叭、禁止拖拉机等产生高强度噪声的运输工具进城的“两禁”措施，道路交通噪声有所缓解。1999年，开展噪声达标区建设。至2005年，交通噪声的年平均值均小于国家标准规定的道路交通噪声控制值70dB(A)。

三、噪声达标区建设

随着城市建设蓬勃发展和第三产业的兴起，建筑施工、文化娱乐、集市贸易和商场营业等社会噪声又逐渐成为城区声环境的重要污染源。1996年，制订城关镇环境噪声区域功能划分方案，由市政府批转实施，开始创建城关镇环境噪声达标区工作。1999年，市政府下发《平湖市环境噪声污染防治管理试行办法》，5月召开创建城关镇环境噪声达标区动员大会，相继又发布《关于开展环境噪声污染整治的通知》《关于加强服务作业点环境噪声污染防治管理工作的通知》等文件，通过对达标区内社会生活噪声、交通运输噪声、建筑施工噪声、工业噪声的综合治理，建成5.01平方公里的环境噪声达标区，占建成区面积的65.9%。据监测，当年城市区域环境噪声平均等效声级为55.0分贝，比上年下降10.9分贝，有效改善了市区的声环境质量。高考期间，会同教育、公安、交通、建设等部门联合发出通知，对建筑、交通等各类环境噪声进行更为严格的控制，确保高考工作顺利进行。是年12月，噪声达标区建设通过嘉兴市环境保护局验收。

2001年开始，对当湖镇环境噪声达标区进行扩区建设工作。按照创建文明城市的要求，修编调整城市环境噪声达标区区划，区划面积达9.16平方公里，占建成区面积100%。2002年，顺利通过嘉兴市环境保护局验收。至2005年，城市噪声污染得到控制，各功能区的噪声平均值均达到国家标准要求，且比较稳定。

第八节 固体废物污染治理

一、服装箱包边角料治理

2001 年，市政府根据全市产业结构特点和由此产生的特征性污染问题，出台《平湖市防治服装箱包边角料污染环境管理办法》和《平湖市服装箱包边角料集中焚烧处置实施办法(试行)》，进一步规范服装箱包边角料的集中处置和环境监督管理措施。2002 年，组建平湖市蓝天固废处置有限公司(以下简称“蓝天公司”)，采用集中焚烧的方式处置服装箱包边角料，并将焚烧过程产生的热量回用于生产，既解决服装箱包边角料的污染问题，又实现资源的综合利用。

二、洁具边角料治理

2002 年，针对洁具生产边角料的污染问题，由洁具主产地新埭镇镇政府牵头，设立 3 个洁具边角料收购点，征地 4 亩作为集中堆放地，将新埭、钟埭两地的洁具边角料进行集中堆存处置，并对原有分散的堆放点进行全面清理，将集中堆存的洁具边角料粉碎后用作筑路基料等。

三、废塑料治理

2005 年，开展对废塑料加工行业污染整治，会同工商、公安、供电等部门对曹桥街道废塑料加工行业整治进行试点。通过调查摸底，现场送达整治通告及开办要求各 98 份，对 68 家企业实行拉闸断电措施，对 2 家顶风作案企业采取没收生产设备和产品的处罚。

1995—2010年环境污染防治(生态建设)资金投入数

单位:万元

年份	水污染防治	气污染防治	噪声污染防治	固废污染防治	生态环境建设	合计
1995				2.4		2.4
1996						0
1997	25.08	1.93				27.01
1998	27.3					27.3
1999	10.84	1.01	6.92		5.06	23.83
2000	5.29		16.14		12.5	33.93
2001	54.87		0.16	20	11.46	86.49
2002	33.02	9.01	0.15	2.58	6	50.76
2003	15.16	6.24	0.77	0.68	25.48	48.33
2004	37.72	104.1		5	40.4	187.22
2005	18.08	0.3		26.4	7.05	51.83
2006	86.61			23	87.5	197.11
2007	31.81	2.73		123	84.72	242.26
2008	53.47		26.1		87.56	167.13
2009	191.37				89.55	280.92
2010	346.53			0.32	313.58	660.43
合计	937.15	125.32	50.24	203.38	770.86	2086.95

第九节　污染治理设施社会化管理

1998年,围绕太湖流域水污染企业限期治理工作重点,环保部门积极组织开展环境治理科研及最佳实用技术推广工作,同时引导、鼓励发展环保产业,为太湖流域水污染企业限期治理任务的顺利完成创造有利条件。在此基础上,制定《水污染企业治理设施监督管理办法》,加强对水污染企业环境保护的长效管理，并对重点水污染企业的治理设施实行社会化管理，由专业污染治理公司承包或参与污染治理设施运行的管理，在全省范围内率先走出一条企业污染治理设施社会化管理的新路子。

一、平湖市绿色环保技术发展有限公司

1999年，平湖市环保服务中心（环保局下属“三产”企业）与浙江大学环境工程公司联合组建成立平湖市绿色环保技术发展有限公司，以承担治理设施社会化管理的任务。

2000年，平湖市绿色环保技术发展有限公司在开展水污染企业污染治理设施社会化管理的过程中，不断积累经验，完善内部管理机制，提高运营管理技术水平。先后健全《运管人员工作规章制度》《绿色公司奖罚制度》《奖金考核办法》《岗位检查考核办法》等公司内部考核管理制度，完善公司信息交流管理系统，确定专人负责治理设施运行管理技术考核的巡回检查，利用自身的专业技术优势和优质的技术服务，充分发挥污染治理设施的性能和作用。在确保治理设施正常运行、污染物排放稳定达标的前提下，降低运行费用，减轻企业负担，提高经济效益，获得企业好评。全年共对15家水污染企业的治理设施以“参与管理”的形式实行社会化管理，并对景兴纸业造纸有限公司污水处理工程实行承包运营，提升了污染治理设施社会化管理的档次。6月，平湖市绿色环保技术发展有限公司完成企业转制工作。8月，取得由国家环保总局颁发的“环境污染治理设施运营资质证书”，真正成为一家由经营者出资、主动参与市场竞争的股份制企业，巩固了污染治理成果，得到省、嘉兴市政府领导的肯定。

2002年，平湖市绿色环保技术发展有限公司污染治理设施承包运行和“参与管理”企业又有新的拓展，年内纳入社会化管理的重点排污企业增至20家。

2004年，平湖市绿色环保技术发展有限公司被国家环保总局授予“环境污染治理设施市场化运营优秀企业”称号。2005年11月，被省科技厅认定为省科技型中小企业。

二、平湖市蓝天固废处置有限公司

根据《平湖市防治服装箱包边角料污染环境管理办法》和《平湖市服装箱包边角料集中焚烧处置实施办法(试行)》,2002年组建“平湖市蓝天固废处置有限公司”,蓝天公司4台车辆专门上门收集服装箱包边角料,年内有270家服装箱包企业与蓝天公司签订处置协议, 焚烧处置工作逐步规范,各方配合日趋协调。2003年,加强服装箱包边角料处置工作,创新边角料收集机制,新埭镇、平湖经济开发区等镇(街道)分别与蓝天公司达成委托收集协议,形成点、面结合的收集网络,扩大了收集面。蓝天公司加大投入,新增2台收集车辆,提高收集能力。投资250多万元,购置浙江大学新研制的日处理60吨边角料焚烧炉,提高了处置能力。2003年末,已有411家企业纳入收集处置网络,占县乡村公路两侧服装箱包企业数的86.7%。

2004年,为充分调动蓝天公司收集处置边角料的积极性,市环保局制订《服装箱包边角料专业处置考核奖励办法》。全市产生服装箱包边角料的704家收集单位, 有618家单位签订了边角料收集处置协议, 签约率87.8%。2005年, 蓝天公司又新增1台日处理50吨边角料的焚烧处置设施,增加日常走访和上门收集次数,边角料收集签约企业有529家,签约率(收集率)达94.5%。

第十节　环保执法与环境信访

一、环保执法

环保执法,即对环境违法行为与污染事故的调处,是环境保护监督管理的重要环节。

20世纪80年代, 随着工业经济的快速发展和工业企业的日益增多, 违反环境保护法律法规、污染环境的现象时有发生。根据《环境保护法(试行)》和上级要求,1983年5月,县政府设立平湖县环境保护办公室和平湖县环境保护监测站,加大对全县环境保护的监督和管理。1985年,聘用5名乡镇环保员,划片协助环保部门开展工作。经过培训后,负责所辖乡镇(片区)企业的污染调查、新建项目初步可行性摸底、"三同时"执行过程的了解和督促等,推动乡镇环境保护工作的深入开展。环保部门在加强对环境保护宣传教育的同时,积极开展环境监督执法活动,处置环境违法行为。1985—1988年,对20家单位涉及水污染、大气污染、不执行"三同时"及环保设施运行不正常等环境违法行为立案查处,作出行政处罚或通报批评。1989年9月,县政府成立环境保护委员会,由县长任环境保护委员会主任。

90年代,环境质量问题越来越得到政府的重视和社会各界的高度关注。1991年查处4起污染事故和2起违法事件,对其中1家不执行处罚决定的企业由法院强制执行,另1家企业作了通报批评。1993年是全国人大常委会、国务院关于在全国范围内开展环境执法大检查的第一年。是年8月,市政府组织人大、政协及环保、计经、工商等8个政府部门联合组成的执法检查组,对环保问题较多的10家企业进行现场执法检查,重点检查"三同时"执行、排污收费、环保设施运行管理等三方面,并由电视台跟踪报道。1994年,市人大常委会组织11个政府部门参加水污染防治法环保执法检查组,对全市12家重点水污染企业和平湖、乍浦两个地面水厂水源保护区的水污染情况进行为期5天的检查。同时,根据环保部门平时掌握的情况,重点检查26家工业企业和10家服务性企业,对违法行为分别作出处理。1995年是国家统一部署的连续三年开展全国环保执法大检查的第三年,全市共组成37个检查组,在企业开展自查的基础上,实地检查100多家企业,对发现的问题分别作出处理。1996年,根据国务院《关于环境保护若干问题的决定》文件精神,市人大常委会会同市政府有关部门于6月组织开展15种小企业的环保执法检查。根据检查中发现的问题,市政府决定对28家企业采取关闭、停产整顿和限期治理的处理。同时，对4起违法违规行为依法作出处罚。1997年，市环保局与市外经委联合组织外商投资企业环保执法检查活动。

1999年5月，平湖市环境监理大队成立。2002年9月，更名为平湖市环境监察大队。环保执法专业队伍的建立，使环境监察执法能力得到进一步加强。环保执法检查一般有5种形式：一是经常性检查。对全市的水污染企业实行分类管理，一类重点污染企业每月检查2次，二类污染企业每月检查1次，三类非重点企业每季检查1次；"三同时"执行情况检查；环保设施运行情况检查等。二是突击性检查。上级布置的突击性检查；夜间和节假日开展的突击性检查；群众投诉举报的环境违法行为检查等。三是专项检查。饮用水源保护区水质情况检查；重点污染行业整治情况检查；限期治理情况检查；养殖业专项整治检查等。四是联合检查。与政府有关部门联合组织执法检查5小行业、废塑料加工整治、开水房污染整治等。五是交叉检查。与兄弟县（市）区边界联合执法、对口互动检查等。

2004年，按照省、嘉兴市、平湖市三级人大常委会关于环境保护法执法和生态建设工作执法检查的要求，开展一系列自查自纠工作，特别是加大现场执法力度。市政府组织市环保、经贸、监察、工商等部门，分4个检查小组，对全市37家工业企业进行现场执法检查。配合嘉兴市环保局开展对全市电镀、印染、造纸、制革、化工等5个重点污染行业的16家企业进行现场执法检查。根据两次现场执法检查结果，对17家企业的环境违法行为进行立案查处。市环保局又组织力量，分3个组对全市76家工业水污染企业进行夜间突击检查。全年共出动检查6932人（次），开展各类现场检查2190厂（次），现场发出整改建议书或现场检查监察单518份，对67起环境违法案件作出行政处罚。

2005年，制定"平湖市专项行动实施方案"，联合卫生、水利等部门开展"清洁饮用水源喝上放心水"专项执法检查；对群众反映强烈的娱乐行业噪声问题进行8次夜间突击检查；利用节假日和夜间时段对2家造纸企业和1家化工企业夜间排污情况进行督查；对全市2批15个污染限期治理项目实施每月一次现场执法检查；对纳入环境监察大队重点监察的151个建设项目实施跟踪检查，督促治理进度，制止违法行为；会同工商、公安、供电等部门积极开展废塑料加工行业污染整治。

1990—2005年，累计对364起环境违法案件作出行政处罚，处罚金额200.58万元。

二、环境信访

20世纪80年代开始，环境问题逐渐引起公众的重视，发现环境污染现象，主要通过来信来电来访向环保部门举报反映。进入90年代以后，环境质量问题越来越受到社会与广大公众的关注，群众的环境保护意识日益增强。每年的“两会”期间，市镇两级人大代表、政协委员有关环境问题的议案提案逐渐增多。2003年市长电话开通、12369环保举报热线电话开通后，更加方便了群众对环境问题的投诉，渠道更加畅通。环境监察部门受理环境信访投诉的主要来源通过多种渠道：来电、来信、来访（含12369环境举报热线、“110”环境救助）；市长电话、市长电子信箱交办；省、嘉兴、平湖三级信访部门转办；“两会”期间人大代表议案、政协委员提案办理。为规范信访处理行为，保证信访处理质量，维护信访人的合法权益和社会稳定，市环保局制订《环境信访工作制度》和《环境信访处理工作程序》。1993—2002年，累计调处群众涉及环境问题的信访1563件，年均结案率95%以上。2003—2005年调处2418件，年均结案率99%以上。2004年、2005年，平湖市环境监察大队连续两年被评为平湖市“信访工作先进集体”。2005年，平湖市环境监察大队被省环保局授予“环境监察模范大队”荣誉称号。

1985—2005年受理提案、信访电情况

年份	答复人大代表议案、政协委员提案（件）	信访电情况		市长电话（件）	合计
		来信（件）	来电、来访（人次）		
1985					
1986					
1987		33			33
1988					
1989		31			31
1990					
1991		43			43
1992					
1993	4	39			39
1994	7	45			45
1995	11	64			64
1996	10	93			93
1997	10	74			74
1998	4	52	116		168
1999	12	41	193		234
2000	13	42	218		260
2001	13	84	169		253
2002	10	54	279		333
2003	8	31	427	248	706
2004	6	32	414	349	795
2005	8	37	453	427	917

说明：另有嘉兴港区2002年6件、2003年39件、2005年120件信访件本表未统计在内。

附：

环境信访处理工作程序

为加强环境污染事故、纠纷和生态破坏事件或揭举、控告环境违法行为的信访工作，保证信访处理质量，规范信访处理行为，切实维护环境信访人的合法权益，维护环境信访秩序和社会稳定，促进经济与环境协调发展，根据国家环保总局《环境信访办法》等规定，制订本工作程序。

一、受理登记

1.接待人员受理举报、揭发、控告违反环境保护法律法规、侵害公民合法环境权益行为的信访，并做好登记。对不属环保部门处理的信访事项，应当告知信访人依法向有关行政机关提出，并及时移交其他行政机关办理。

2.对已经或者应当通过诉讼、行政复议、仲裁解决的环境信访事项，应当告知信访人依照有关法律、法规的规定办理。

3.对依法应由上级环保部门作出处理决定的事项，应当及时报送上级环保部门办理。

二、调查核实

对受理的环境信访案件，一般情况下，五个工作日到现场调查，承办人员应进行认真调查取证，对重要事实、情节进行核实。

三、处理结案

对调查核实的环境信访案件进行协调，提出调处意见，属环境违法的，执行《环境违法案件行政处罚基本程序》。

直接办理的环境信访事项，应当在30天内办结，并将办理结果答复给环境信访人，情况复杂的，经上一级部门批准，时限可以适当延长；对上级转办的，在上级规定的时间内办结，自交办之日起最长不得超过90天，并将办理结果报上级有关部门。

四、其他事项

1.实行回避制度:办理环境信访的工作人员与环境信访事项或环境信访人有直接利害关系,应当回避。

2.实行保密制度:办理环境信访的工作人员不得将检举、揭发、控告材料及有关情况透露或者转送给被检举、揭发、控告的人和单位。

3.实行回访制度:对信访调处中提出的整改措施,应每季作一次回访清理,并有记录,以降低信访重复率。

环境信访处理工作流程图

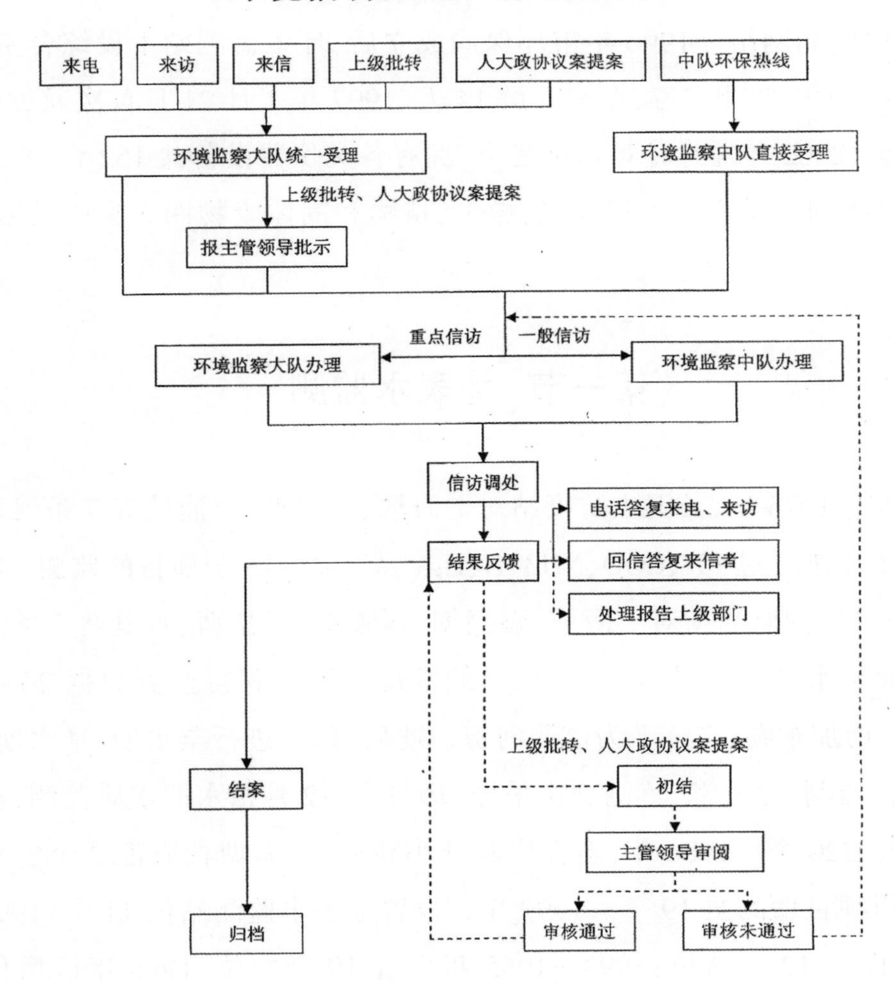

第四章 环境监测

县环境保护监测站未建以前，全县环境监测工作由县卫生防疫站兼管。1983 年 5 月，县环境保护监测站建立。1987 年起，轮训废水化验人员，建立基层监测网络。1996 年市环保局成立后，环境监测站下设综合室、水质监测室、大气监测室等，在编人员 14 人。1997 年 1 月 21 日首次通过省级计量认证，2002 年通过计量认证复审。拥有各类仪器设备共 152 台(套)，能测定水和废水、环境空气和废气、噪声、植物和固体废物四大类中的 66 个项目。

第一节 地表水监测

1974—1976 年，县卫生防疫站对上海塘、嘉兴塘、乍浦塘等 7 条河道的进出口水质进行过 PH、COD、NH3-N、Hg+、AS++等 15 个项目的监测。1986 年，县环境保护监测站对上海塘、嘉兴塘、嘉善塘、海盐塘、六里塘 5 条河流 7 个断面枯水期水质进行 17 个项目的常规监测，获得监测数据 204 个。1987 年，增加东湖、广陈塘为监测河道。此后，每年进行丰水期、平水期、枯水期 3 次监测，分涨潮、落潮 2 次采样。1987 年 12 月枯水期水质监测，获得监测数据 220 个。1988 年，新设广陈塘小新村、上海塘青阳汇 2 个省控断面，分析项目增测至 19 个。1990 年，设置地表水监测站位 11 个；1991—1993 年设置 12 个站位；1994—1995 年设置 19 个站位；1996 年以后保持

14个站位。监测频率原来按每年的平水期(4月)、丰水期(7月)、枯水期(12月)三期采样,每期分涨、落潮各采样一次。从2001年开始,按每年的平水期(3月、5月)、丰水期(7月、9月)、枯水期(1月、11月)三期六次采样。

2005年地表水体监测站位情况

河流名称	站位名称	站位性质
嘉兴塘	白马水泥厂	省 控
上海塘	一 米 厂 大 齐 塘 青 阳 汇	市 控 嘉兴市 控 国 控
东 湖	东 湖	嘉兴市 控
广陈塘	北 三 家 村 小 新 村	嘉兴市 控 国 控
黄姑塘	金 桥	省 控
乍浦塘	虹 霓 镇 战 备 桥 乍 浦 水 厂	市 控 嘉兴市 控 市 控
海盐塘	淡 水 桥 古 横 桥 斜 桥	市 控 嘉兴市 控 省 控

第二节　大气监测

1978年和1979年,县卫生防疫站曾作过3次大气卫生监测、6次小型监测。1987年4月起,县环境保护监测站按大气环境监测规范,在城关镇设工业区(城北)、商业区、居民区、对照区4个点,每年1月、4月、7月、10月进行监测,每次连续5天,每天采样4次。监测项目为SO_2、NOx、TSP三项。2000年，市区设大气采样点4个、对照点1个、降尘监测点4个；在乍浦镇设大气采样点2个、对照点1个。2000年开始，大气监测实施24小时连续自动采样实验室分析监测技术，在市环境监测站内设1个监测点，监测项目为二氧化硫(SO_2)、二氧化氮(NO_2)、总悬浮颗粒物(TSP)三项，其中SO_2和NO_2每日采样时间20小时，每月至少监测12个有效日均值，每年监测12个月；TSP每日采样时间12小时，每月至少监测5个有效日均值，每年监测12个月。监测站内又设降尘监测点1个，每月收样分析一次，每年监测12个月。

2000年大气监测采样点设置情况

采样点位置		代表的功能区
城关镇	城北三北村	对照区
	平湖饮料厂	工业区
	第一幼儿园	商业区
	平湖中学	混合区
	电大工作站	居民区
乍浦镇	海滨浴场	对照区
	瓦山啤酒厂	工业区
	乍浦电影院	商业区

第三节　噪声监测

一、区域噪声监测

1993年3月，采用网格均匀布点测量方法，将建成区4.4平方公里以210米×210米正方形网格进行划分，共布监测点100个；1995年4月，对已扩大的建成区8.6平方公里以280米×280米正方形网格进行重新布点，共布点110个；1999年创建噪声达标区，对建成区以170米×170米正方形网格重新布点,规定网格数240个,其中有效网格数131个;2002年又对建成区的区域噪声标准适用区域进行重新划分，以300米×300米正方形网格进行布点,设网格数为188个,其中有效网格数103个。

区域环境噪声测量仪器使用分别是:1993年测量仪器为Hs-6211,1995年测量仪器为HS6220B,1999年测量仪器为AWA6218型噪声统计分析仪。采样方式为自动采样。1993年时间间隔1秒;1995年后时间间隔0.1秒,采样时间10分钟。

二、道路交通噪声监测

1993年开始，对北至角棉巾桥、西至汽车站、南至新桥范围内总长7.529公里的道路进行道路交通噪声监测,布设19个点。1998年,根据《噪声功能区划分方案》对布点进行调整,在城南路、环城东路、环城南路、环城北路、环城西路、城北路、南市路、新华路、当湖路等9条总长10.8公里的交通干线上共布设21个监测点。

道路交通噪声测量仪器使用分别是:1993年测量仪器为Hs-6211,1995年测量仪器为HS6220B,1999年测量仪器为AWA6218型噪声统计分析仪。采样方式为自动采样,1993年时间间隔1秒;1995年后时间间隔0.1秒,采样时间20分钟。

第四节　污染源监测

污染源监测始于1984年,由县环境保护监测站采样,委托上海石化总厂环保站化验。在1986年全国性第一次污染源调查中,县环境保护监测站重点对废水、噪声2个项目进行监测,获得各类监测数据589个。1987—1989年,结合烟尘控制区创建工作,又增加对烟尘、烟色监测,获得各种污染源监测数据916个。

1990年重点抓废水治理设施运行情况的监测，对重点污染源企业检查达100多次,采集样品230多份,获得各类分析数据610个。同时,开展锅炉烟尘监测及企业噪声源监测,共获得数据63个。1993年,在开展污染事故调查监测、噪声监测的同时,新增流动污染源汽车尾气监测项目,测试车辆650辆。1994年平湖地面水厂启用后,连续数天开展对水源保护区水质的动态监测及经常性监测。1996年,开展区域噪声普查和氟化物的监测等。

1999年,按照平湖市“一控双达标”目标任务,对全市工业污染物排放、当湖镇噪声达标区和环境空气质量等,组织监测力量,进行全面监测评价,确保2000年全市“一控双达标”任务的圆满完成。在完成地表水常规监测、地表水行政交界断面水质联合监测的同时,自1999年起,结合太湖流域水污染防治工作,开展每年12期太湖流域地表水的监测。2000年起,当湖镇环境空气质量实行24小时连续采样监测,为及时掌握全市环境质量现状及变化情况提供基础数据。

第五节　其他监测

一、服务性科研性监测

1987—1989年,每年4—5月间,在养蚕较集中而又处于砖窑、水泥厂烟尘下风向的曹桥、白马、秀溪、前进乡进行蚕桑中氟化物含量监测。其中1987年设采样点6个,每隔2天采样1次,共采集样品57份,检出超标率为28%;1988年,设采样点8个,共采集样品96份,检出超标率24%;1989年,设采样点10个,共采集样品104个,检出超标率30%,平均浓度39.13ppM,超过规定标准。

1989年,承担石化总厂陈山原油站大气质量本底调查工作,设4个采样点,测定SO_2、NOx、TSP、CO总烃等项目,共测得1204个数据,并编写出大气质量报告。在平湖丝厂汰头废水处理方案论证中,承担可行性试验工作,经过实验室反复小试,共获得测定数据150个,以此为据提出废水处理工艺的可行性论证报告。为配合印染废水治理工作,对各企业所用不同厂家生产的碱式氯化铝进行纯度分析,确定最优产品,为治理单位选剂提供服务。

1990年,为乍浦地面水厂进行水源水质监测,获数据272个。开展建国路噪声本底调查,得到各类声级值246个。

1998—1999年,对全市5个主要地面水监测断面的水文、水质进行常年同步监测,成为嘉兴市范围内率先开展地面水水文、水质同步监测的地区,积累了有相当价值的水文、水质数据。开展环境空气质量24小时连续监测,实行环境空气质量周报制度,监测数据上报频率提高12倍。与秀洲区和海盐县分别开展每两个月一期行政区域水质交界断面的交接监测工作,掌握了交界断面的水质变化情况。

2001年，与上海石化股份有限公司水源办开展为期一年的黄姑塘氯离子等污染因子调查监测。参与杭嘉湖平原农业面源污染控制研究课题，承担农业田表排水、农业暗管排水和农田进水等水质监测,全年获得各类监测数据6357个。

二、事故性监测

1989年,进行2次事故性监测,即发生在上海塘20吨T装硫酸船沉没污染事故和石化总厂至全塘沿海大批死鱼事件现场调查监测,获得事故调查的第一手材料,为事故的善后处理提供有力的佐证。两次事故监测共得数据57个。

三、环境影响评价监测

1985—1989年,全县先后进行7次建设项目环境影响评价监测(对大气、水质、噪声、底质等分析测定),其中主要有1987年对乍浦港建设工程、九龙山海滨浴场和全塘对虾养殖场,1988年对平湖化肥厂扩建工程、上海石化总厂8万立方米污泥干化处理工程、嘉兴电厂建设项目的环境影响评价监测。

1990年,为平湖树脂厂技改项目“环评”监测,获数据90个;为沪杭高速公路“环评”监测,获数据788个。1996年,完成石化热电厂灰堆场和前进造纸厂等“环评”监测项目27个。

1997—2005年环境监测数据

单位:个

年份	地表水、大气常规监测	污染源监督监测、环评监测等	总监测数据
1997	3752	2244	5996
1998	3146	5434	8580
1999			9693
2000			7595
2001			6357
2002			5939
2003			5668
2004	3032	6084	9116
2005			9430

第六节　污染源在线监控与环境质量自动监测

一、污染源在线监控

污染源在线监控是用监测监控设备,通过网络对污染物排放实行实时监督管理。2000年起,对重点工业污染企业逐步实施污染物排放在线监控,首先在神光皮革有限公司实施在线监测污水排放流量的试点工作,后按照嘉兴市的统一要求,对在线监测设施进一步完善。2002年,投入资金5万元,初步建成在线监测监控中心。至2005年,共建成5家水污染企业和1家大气污染企业的污染物排放量在线监控,对其他水污染企业安装超声波流量计,逐步规范排放量的监控设施建设。

二、环境质量自动监测

环境质量自动监测是对地表水和大气的监测实现自动化。2005年,按照全省环境监测自动化、现代化和信息化建设的要求,投资305万元,完成南湖区—平湖地表水交接断面的自动监测站和市区一个空气自动监测站的基础设施建设,并由省环境监测中心站负责监测设备的安装调试。2006年,新建青阳汇、斜桥2个地表水水质自动监测站和陆家桥空气质量自动监测站。环境质量自动监测站的建成运行,为掌握全市环境污染动态提供技术支持。

第五章 生态环境建设

2000 年 6 月，平湖市被国家环保总局列为第五批国家级生态示范区建设试点地区之一。10 月,《平湖市生态示范区建设规划》经市人大常委会审议通过,并要求将生态示范区建设规划纳入全市“十五”国民经济和社会发展计划。2001 年 1 月,市委、市政府作出《关于创建国家级生态示范区的决定》,全面启动生态示范区建设工作,加快调整优化产业结构,积极培育发展循环经济,努力创新环境监管机制,全面推进生态城镇建设,进一步强化城乡环境综合整治，着力弘扬生态文化理念等一系列措施。2004 年 12 月,国家环保总局命名平湖市为国家级生态示范区。

第一节 城镇生态环境建设

国务院《关于环境保护若干问题的决定》颁发以后,平湖市政府结合平湖实际,于 1997 年印发《平湖市关于进一步加强环境保护工作的决定》,并着手《平湖市环境综合整治规划》的编制工作。按照规划大纲的内容、范围和要求,环保部门配合规划编制单位华东师范大学环境资源学院,对全市水质、大气以及生态环境等进行详细的调查摸底,获取大量科学数据,并通过论证分析,编制出平湖市历史上第一个环境综合整治规划。10 月,通过专家评审。12 月,经市政府第 46 次常务会议讨论通过。规划提出了水、大气、噪声、固体废弃物的综合整治措施与分阶段实施计划,特别是对水环境治理提出：要限期治理工业废水和立即组织实施市区及主要乡镇生活污水治理，增加河道引排能力，保护饮用水源，有计划地控制地下水资源的开采，积极推广生态农业等。

1998年，平湖市正式开展城市环境综合整治定量考核，年度考核总得分55.573分，得分率69.47%，比上年试评分提高8.26个百分点。2000年6月平湖市被列为国家级生态示范区建设试点地区之一以后，根据《平湖市生态示范区建设规划》，针对城市环境综合整治定量考核中城市污水处理及环境质量指标、城市绿化等方面存在的薄弱环节，在城镇生态环境建设方面，着重强化城镇环境综合整治和城市绿化工作。

一、城市环境综合整治

(一)城市污水处理工程建设

由建设局牵头，开展城市污水集污管网工程建设。2001年，通过“平湖市污水城网工程初步设计”评审，并结合旧城改造和东湖区等新区的开发建设，累计完成污水工程管道5275米，在建污水工程管道3300多米。2002年，按照嘉兴市污水处理工程建设的总体要求，投资4700万元(其中嘉兴投资2200万元)，完成城网工程建设21公里，并于是年10月28日顺利实现与嘉兴总网并网，每天集污量达2.5万吨。2003年，西片三街道污水管网工程已累计投入6000万元，铺设主管道42公里、支管网15公里，纳污能力达到3.2万吨/日。同时，完成东片六镇污水集中处理工程可行性研究报告。2004年起，污水管网建设纳入“生态市建设”范畴。

(二)“无烟城”建设和烟尘控制区扩建

2001年，市政府出台《平湖市城市烟尘污染防治管理办法》，在城市建成区范围内禁止燃用高污染燃料，逐步淘汰1吨以下燃煤锅炉。2002年，按照市政府关于城市烟尘污染防治工作的要求，环保、质监、城管等部门联合发出《关于淘汰小型锅炉和散煤灶的实施意见》。至年末，城区范围内已消除燃用生物质燃料的现象，对15家单位33眼食堂散煤灶进行淘汰，淘汰1吨及1吨以下燃煤锅炉26台。根据市政府作出的对城区范围内第一批餐饮企业油烟污染实施限期治理的决定,加强对限期治理工作的检查督促,共完成61家餐饮企业的油烟污染治理工作,城市餐饮业油烟污染处理能力达到29.7万立方米/小时。

2002年,按照创建文明城市的要求,结合“无烟城”建设,加强对烟控区的日常监督检查,完成烟尘控制区扩建工作,将烟尘控制区面积从原有的7.6平方公里扩大到18.27平方公里。2003年,对市区范围内17个单位的锅炉烟尘污染进行整治。同时,加强对城市餐饮业油烟污染限期治理工作的检查督促,完成市区第二批42家餐饮企业的油烟限期治理工作,14家新建餐饮企业的油烟污染治理实行“三同时”。加快城市热网工程建设,已建设主干网10.8公里、支管网5.9公里,21家企业签订蒸汽使用协议,12家企业已开始使用热网蒸汽。在巩固当湖镇烟尘控制区建设成果的同时,2003年启动4个乡镇烟尘控制区的创建工作。按照全市联片集中供热规划和烟囱整治工作的要求,构建全市联片集中供热网络,管网总长度13公里,建成景源热力有限责任公司和荣晟热电厂两个供热点,供热范围可基本覆盖西片区域,入热网用户达39家。2004年,拆除10家入网企业原有的锅炉烟囱,提高能源的综合利用率,逐步改变了城乡烟囱林立的现象。2005年,全市10吨以上燃煤锅炉(共10台)全部实施脱硫工程,其中75吨以上燃煤锅炉3台(在用3台),35吨以上锅炉5台(在用2台),10吨以上锅炉2台(在用1台)。

(三)城市环境噪声达标区扩建

2001年开始,对当湖镇环境噪声达标区进行扩区建设工作。在对城区环境噪声现状进行进一步调查监测的基础上,按照创建文明城市的具体要求,修编调整城市环境噪声达标区区划,区划面积达9.16平方公里,占建城区面积100%。加强对城市生活噪声、建筑施工噪声等环境噪声的监督管理,严把夜间施工核准关,减少夜间施工噪声扰民现象,巩固城市环境噪声达标区创建成果，有效改善了城市声环境质量。2002年，顺利通过嘉兴市环境保护局验收(受省环保局委托)。

(四)生活垃圾处理

当湖镇生活垃圾处理率达100%。2003年，钟埭和曹桥两个乡镇实施生活垃圾集中收集贮运，其他各乡镇均设立集镇生活垃圾集中填埋场或建立生活垃圾收集处理系统，并在一些建制村中推行生活垃圾集中收集处置工作。

二、城市绿化

2001年，全面启动东湖区二期11.4万平方米、葛家塘河滨4.69万平方米、广福园2.788万平方米公共绿地建设，全年共新增绿地16.78万平方米，城市绿化覆盖率为18.2%，城市人均公共绿地面积6.18平方米。2002年，新增绿地面积84.74万平方米，城市绿化覆盖率上升到30.89%。同时，在东湖区的开发建设中，特别注重江南特色和人居生态环境，规划建成人居生态环境功能区。2003年，新增绿化面积40万平方米，城市绿化覆盖率上升到31%，人均公共绿地面积达11.5平方米。

1998—2005年城市环境综合整治定量考核得分一览

年份	总得分	得分率(%)	备注
1998	55.573	69.47	1998年起正式开展定量考核
1999	65.095	81.39	
2000	65.23	81.54	
2001	65.41	81.76	
2002	65.43	76.98	
2003	66.67	78.44	
2004	70.19	82.58	
2005	75.22	88.49	

第二节　农村生态环境建设

农村生态环境建设重点围绕农业、农村污染治理及生态农业建设、生态示范镇示范村建设、水环境整治等开展工作。从2004年起,农村生态环境建设纳入“生态市建设”范畴。

一、农业、农村污染治理

2001年,在新埭镇同心村开展“杭嘉湖平原农业面源污染控制技术研究及其示范样板建设”的省重点科研课题,样板的核心区面积1000亩,辐射面积10000亩。该课题开展在省内尚属首次。计划用两年时间,初步形成农业生产污染控制技术及农业面源污染预警机制。2002年通过省级验收。

2001年,各乡镇开展规模化畜禽养殖污染治理试点工作,其中2个乡镇采用沼气处理技术对畜禽粪便进行资源化利用;7个乡镇采用畜禽粪便干湿分离,干粪回用于周围农田,湿粪便经三格式化粪处理;1个乡镇开展村级规模畜禽养殖污染治理试点。另外,各乡镇还会同农经等部门开展利用畜禽粪便生产生物有机肥等资源化利用方式的探索。

2002年,市政府出台《关于加强畜禽养殖业污染防治工作的实施意见》,在上年开展畜禽养殖污染治理试点的基础上,对常年存栏数200头以上生猪规模的畜禽养殖场推行以干湿分离为前提,资源化利用为基础,无动力厌氧处理设施和三格式化粪池为主要内容的污染治理工作。全市共建造用于畜禽养殖污染治理的无动力厌氧处理或三格式化粪池96套,总投入达150万元。林埭镇的亿达生物科技有限公司和黄姑三鑫奶牛场分别开展利用畜禽粪便养殖蚯蚓用作甲鱼、鸭等的养殖饲料,形成了生态养殖的模式;曹桥乡通过引进外资组建嘉兴春霖生态科技有限公司,计划开展猪粪的高温发酵—蚯蚓养殖—生产有机肥及农业园区规模化生产。

2003年,在常年存栏数200头以上生猪规模畜禽养殖场进行治理的基础上，开展对常年存栏数100头以上生猪规模畜禽养殖场污染治理工作，全市67户100头以上规模畜禽养殖场开展以“干湿分离—三格式化粪池”为主要治理方式的污染治理。全年经环保、国土、农经、建设等部门联合审批的畜禽养殖建设项目有78个，全部按要求实行“三同时”。

二、生态农业建设

(一)无公害农产品生产

全市各乡镇以效益农业为切入点，设立不同类型的无公害农产品生产基地，按照无公害产品生产的要求，规范种植方式和农药、化肥的施用，提升无公害产品的档次。2001年，全市共建立10万亩无公害优质大米生产基地、1万亩无公害“金平湖”牌西甜瓜、5000亩无公害果蔬生产基地。2002年，按照农业标准化的要求，结合各乡镇实际，实行区域化布局、专业化生产、规模化经营，大力推进无公害农产品基地建设。全市共制订农业生产6大类39个产品78项标准，标准化示范基地面积增至5万多亩，形成稻米、蔬菜、西甜瓜、畜禽、果品、水产品、食用菌等七大无公害产业基地。2003年，新建平湖市级无公害农产品基地16个，累计建成23个。有9只农产品取得“浙江绿色农产品”称号，并逐步形成向绿色农产品和有机食品发展的趋势。

(二)沃土工程

推广应用省重点科技攻关项目“杭嘉湖平原农业面源污染控制技术研究及其示范样板建设”科研成果，全面实施“沃土工程”计划，推广生物有机肥和平衡施肥技术，减少化肥用量，减轻农业生产对环境的影响。2002年，全市推广平衡施肥技术62万亩，秸秆还田50万亩，秸秆综合利用率95%以上；同时实施农业综合防治，推广应用防虫网、诱杀灯等防治病虫害的物理方法，使用高效低毒低残留农药和生物农药，并积极推广生物有机肥，化肥、农药施用强度比上年下降10%，同时也减少了化肥、农药的流失量。2003年，全市平衡配套施肥面积65万亩，亩用化肥量比上年减少5%左右。秸秆还田65万亩次,秸秆综合利用率98%以上。

三、生态示范镇、村建设

2002年,根据省环保局有关生态示范镇、生态示范村创建标准和管理办法,向嘉兴市环保局正式提出将新仓镇以及新埭同心村等11个村列入生态示范镇、生态示范村的创建计划。6月4日,市政府在新仓镇召开创建省级生态镇动员暨污染集中控制现场会,对生态镇、生态村建设工作进行动员和部署。组织新仓镇及11个村的主要领导赴绍兴、奉化藤头村考察生态建设工作,按照新的生态示范乡镇、示范村的创建标准,完成新仓镇环境规划的修编和生态示范镇建设规划、11个生态示范村建设规划。2003年,又有3个乡镇25个建制村分别开展生态示范镇、生态示范村的创建工作。7月29日,市政府召开全市生态村建设现场会,对生态示范村创建工作再一次进行了部署。年末累计已有4个镇36个村开展创建活动。2004年,生态示范镇、村创建工作被纳入生态市建设范畴。

四、农村水环境整治

全面开展以河道整治、增强河网水体自净能力为重点的水环境综合整治。2001年,全市疏浚河道155公里,"三清"河道228公里,完成黄姑塘、牛桥港乍浦段等河道的整治工作。2002年,全市疏浚河道300公里,清淤250万立方米。同时将清除水葫芦工作列为地表水环境整治的一项重点。全市共出动69505人次,出动船只17179艘次,全市2500多公里河道基本清除水葫芦,清障3307处,清除垃圾12.6万吨。建立健全河道保洁专业管理队伍,促进地表水环境的长效管理。2003年,市政府批准实施《平湖市市区河道综合整治规划方案》。曹兑港、嘉善塘市区段的综合整治工程全面启动,葛家塘整治工程完成施工设计,以上整治工程总长6.9公里。东湖区及平湖经济开发区河道整治工程取得较大进展。全面启动万里清水河道建设,黄姑塘二期整治工程全面完成,已累计投入750.9万元,并启动全塘段河道整治。

第三节　生态市建设

2004年,生态市建设全面启动。4月29日,全市召开生态市建设动员会议,市政府与各乡镇和13个部门签订2004年度生态市建设目标责任书,分解落实生态市建设工作任务。2005年,对照生态市创建标准(6项基本条件计28分,36项指标每项2分计72分,合计100分),自评得分为80分。主要不足扣分指标为:年人均财政收入、森林覆盖率、水环境质量、近岸海域水环境质量、工业用水重复率、城镇人均公共绿地面积、农村生活用能源中新能源所占比例、规模化畜禽养殖场粪便综合利用率、集中式饮用水源水质达标率、农村卫生厕所普及率等10项。至是年底,全市有1个镇上报生态镇考核验收,54个村开展生态村创建工作,其中14个村通过考核验收。

一、规划编制

2004年,市环保局会同发计局组织开展《平湖生态市建设规划》的编制工作,委托中国社会科学院可持续发展研究中心编制,于8月7日通过嘉兴市生态办组织的专家论证,并经平湖市第十二届政府第十五次常务会议讨论通过,平湖市第十二届人大常委会第十四次会议审议批准,10月21日由市政府颁布实施。《平湖生态市建设规划》明确了平湖生态市建设的“四大体系”,即建设体现循环经济理念的生态产业体系、体现统筹发展原则的城乡一体化体系、体现可持续利用的资源环境保障体系、体现人与自然和谐理念的现代生态文化体系。年底,市政府下发《关于加强环境污染整治工作的实施意见》和《关于开展生态镇(街道)创建工作的意见》,并明确将环境污染整治作为本届政府生态建设的一项基础性工作来抓,要求乍浦、新埭、新仓、黄姑、全塘、广陈等6个镇在本届政府任期内创建省级生态镇,其他镇(街道)创建嘉兴市级生态镇(街道)。为推进规划的有效实施,2005年,又出台《2004年—2007年生态市建设目标责任制工作考核办法》,将生态建设和环境污染整治的目标任务汇总整合成26项量化指标和44项具体工作目标,分解到各镇(街道)和各有关部门,切实把生态建设工作提高到构建社会主义和谐社会的高度加以落实。市生态办按照生态建设的要求,结合当地实际,制订《平湖市生态村考核标准(试行)》,提出12个方面的具体要求,指导全市生态村建设工作的全面开展。

二、污水治理和管网建设

根据生态市建设、城乡一体化和"新村示范、村庄整治"的要求,对全市污水治理工作提出了构建三级处理网络的总体设想,即以跨乡镇污水集中处理系统为基础,农村居民集聚点污水处理站为重点,分散农户就地处理为补充的三级生活污水处理网络。西片污水处理工程2005年又投资2423万元,建设提升泵站2座,新建、续建污水管线13.5公里。已累计铺设主管道76.2公里、支管道54.5公里,建成污水泵站4座、在建2座。随着污水管网范围的扩大,可吸纳新增生活污水量7000吨—8000吨/日,纳污总量已达4万吨/日。对农民新村生活污水处理和农村农户污水的处理,开展一系列的试点和推广工作,采用省内现有的6种主要治理技术:人工生态湿地、沼气、玻璃钢一体化设施、高效无动力厌氧、强化型氧化塘、灵活组态的生物处理。至年底,共对2180户农民新村和散居农户生活污水进行处理。此举得到省和嘉兴市环保部门的关注。

三、农业面源污染控制和生态农业

(一)农业面源污染控制

在前几年治理常年存栏数100头以上规模畜禽养殖的基础上,2004年启动对50头以上的畜禽养殖场开展治理工作。全市50—100头的畜禽养殖场有116户,年末88家完成治理,其余28家落实治理任务。同时,对规模化畜禽养殖场的治理工作进行回头看,会同农经局对4家常年存栏数在2000头以上的规模养猪场进一步加强生态化养殖和污染治理工作的指导,以提升生态化养殖水平。开展畜禽粪便资源化综合利用工作也取得较大的进展。嘉兴春霖环保生态有限公司利用畜禽粪便养殖蚯蚓、生产生物有机肥进入试生产阶段,已生产生物有机肥300多吨;平湖神农生物有机肥的生产能力已达到10000吨/年。市环保局会同市农经局深入开展调查研究,总结前几年畜禽养殖污染治理工作的经验教训,确立以培育循环经济为目标,规范粪便干湿分离养殖模式,采用沼气及无动力厌氧治理设施加强污染治理,深化综合利用的基本防治措施。针对水禽(养鸭业)养殖污染这一新情况、新问题,结合平湖实际,提出在落实养殖污染基本防治措施的基础上,实行"筑塘养鸭"的新要求,以减轻养鸭业对地表水环境直接污染的影响。2005年,对全市23家常年存栏数500头以上生猪规模养殖场的污染治理工作重新加以规范,有2家养殖场改建污染治理设施,完成规范化整治并通过验收。针对市区西片"黑水"污染问题,曹桥街道加强畜禽养殖污染的治理,与65户规模养殖户签订治理协议,完成30户沼气处理设施建设。水禽养殖污染治理开展试点工作,市政府专门召开全市畜禽养殖污染治理现场会予以推广。全市范围的干粪处置中心初步建成,并在一定范围内进行试运行。组织实施杭嘉湖平原农业面源污染防治及其示范样板建设工程,通过减量化、资源化、无害化的生态控制方式,强化农业面源污染防治,化肥、农药的施用量每年削减5%—10%。

(二)生态农业

2004年,新建市级无公害农产品基地14个,申报省级无公害农产品基地8个;有11个农产品获得省级绿色农产品和全国无公害农产品认证,9个产品申报省级绿色农产品和全国无公害农产品认证。2005年,全市推广平衡施肥65万亩,秸秆还田55万亩,年氮肥用量减少10%;无公害农产品基地面积18万亩,新通过绿色有机食品认证6个。

四、水源保护和河道整治

(一)划分饮用水源保护区

2004年,开展广陈塘地表水饮用水源保护区的划分工作,划定了一级保护区、二级保护区和准保护区，并通过嘉兴市环保局组织的专家论证。2005年，开展海盐塘饮用水源保护区划分的调整工作，形成初步调整方案，对保护区内的污染源进行重点监察。

(二)“万里清水河道”工程

2004—2005年，完成河道疏浚和整治89.8公里，其中疏浚乡村河道54.2公里，完成省“万里清水河道”建设35.3公里，累计174公里。实施河道保洁长效管理，获得省水利厅河道长效管理工作二等奖。

(三)垃圾集中收集

2000—2005年，完善市、镇(街道)、村、组四级垃圾收集处理体系，各镇(街道)均建成1座以上垃圾中转站。全市城乡共有垃圾中转站13座(其中市区4座、乡镇9座)，5座中转站为压缩式收集，另有3座列入压缩式改造计划，农村生活垃圾收集率和无害化处置率均达到100%，成为省内率先在全市范围内开展农村垃圾集中收集处理的县(市)。

(四)其他工作

2004—2005年，加强服装箱包边角料的集中收集和处置工作，将边角料焚烧过程中产生的热能用于渔业养殖，初步探索形成跨农业—工业的循环经济链。完成国道、省道绿色通道里程5.5公里，县道绿色通道26公里。至2005年，生态公益林建成面积7600亩，累计生态公益林建设面积1.1万亩，森林蓄积净增3.05万立方米。新增城市绿地63.44万平方米，城市绿地总面积累计达到392.36万平方米，其中公共绿地面积111.89万平方米。城市绿地率、绿化覆盖率和人均公共绿地面积分别达到29.06%、34.06%和11.77平方米。新增使用太阳能热水器约4000户，农村清洁能源利用率达70%。

第六章　环境保护宣传教育

1983年12月,第二次全国环境保护会议确立了环境保护为我国的一项基本国策。全社会的环境意识不断增强,保护环境的宣传教育越来越引起各级党委和政府的高度重视。环保部门与有关部门和单位合作,积极开展宣传教育活动:充分利用广播、电视、报纸等舆论宣传工具,进行环保专题报道和宣传;把环境保护内容列入各级党校、干校干部培训计划,邀请环保专家专题讲座;在中、小学生中普遍进行环境教育、环保知识竞赛和科普活动;在每年的6月5日"世界环境日"期间,开展宣传活动,设置展览、分发资料、举办公益晚会等,以增强全民的环境意识。"保护环境、人人有责"的社会风尚正在逐步形成。

第一节　系列宣传教育活动

1985年,利用各种会议及场合,积极宣传环境污染和生态破坏造成的危害,宣传环境保护方针政策。做好《中国环境报》《环境工作通讯》宣传发行,全年订阅107份。创办《平湖环境保护》简报。

1986年,自办简报,出刊7期环境宣传画廊。普法培训中安排环保课程,向县领导和有关部门赠阅《中国环境报》《环境工作通讯》等资料。

1987年,编撰《平湖环境保护》双月刊。全年印刷8000余份宣传资料分发给有关部门、单位企业。出刊每月一期《环境宣传》橱窗,举办环境科学有奖知识竞赛,召开"世界环境日"纪念大会,出动宣传车巡回宣传。

1988年,抓住"世界环境日"时机,宣传6月1日起实施的《大气污染防治法》,在城关镇建国南路开辟150米流动宣传画廊,展出图片100多幅。宣传车分别在城关及乍浦、新埭作巡回宣传,结合创建县城烟尘控制区、环保许可证发放等环节宣传环保科普知识。通过县广播站播出有关环境保护的新闻报道、新闻观察等文章20多篇。利用劳动部门举办司炉工培训,宣传《大气污染防治法》,讲授消烟除尘技术要领。开展对小学生的环境教育,组织解放路小学课外教育到环境监测站参观。

1989年,召开"纪念世界环境日暨环保目标责任书签字仪式"大会,分管县长发表电视讲话。利用报纸、刊物等舆论工具广泛宣传,踊跃向新闻单位投稿,被国家级杂志报刊录用5篇、省级录用2篇、县新闻采纳20多篇。组织大中学生开展环保书法比赛、机关干部环保征文活动等。

1990年,举办首次环保法规知识电视大奖赛,创办《环保内参》专供县委、人大、政府、政协领导参阅。"世界环境日"期间举办街头环保法规知识现场有奖征答,出刊"六五"环境日街头宣传画廊,结合"科普宣传周"上街进行宣传。

1991年"世界环境日",市长发表电视讲话,平师附小学生组队上街宣传并分发环保宣传资料。与团市委联合举办环保黑板报展评,共有22块环境宣传黑板报在市区展出。环保部门与市文化局联合创作2个环保戏剧小品参加嘉兴市汇演,分别获创作一等奖和表演三等奖。首次组织开展《中国环境报》读报知识竞赛。每个乡镇在驻地醒目位置书写5条固定性环保宣传标语造声势。

1992年,开展环保征文活动,收到来稿61篇。每两周一次在平湖广播电台开辟环境宣传专题栏目。电视台"当湖桥"栏目作环境专题宣传,拍摄电视短片《水的呼唤》。组织第二届《中国环境报》读报知识竞赛。

1993年,环保部门与平湖电视台协办"国策漫谈"栏目,宣传环保法律法规。与市教育局联合举办中小学生环保故事征文活动,评选出中小学组各5篇,并送嘉兴市、省参赛,分别获得嘉兴市一、二等奖各1篇及省二、三等奖各1篇。

1994年,举办环保法制电视讲座,培训有关部门、乡镇工业公司、污染企业环保专兼职人员193人。结合"世界环境日"开展"为了孩子、六五送平安"活动,为15名当天出生的新生儿赠送平安保险单。

1995年,举办由112人参加的第二期环保法制电视讲座。24篇环保专题稿件由市广播电台进行宣传报道。在电视台"环境与发展"栏目中,对噪声污染、烟尘控制区内的"黑龙"等问题予以曝光,扩大教育监督。录制《环保,我们的责任》专题片。配合科普活动搞好街头宣传,与市教育局联合举办"生物百项"活动。

1996年市环保局建立后,环保法制宣传教育做到经常化、制度化。一是加强环境教育,增强各级领导干部和人民群众的环境意识和法制观念,使环境保护基本国策引向深入。二是加大宣传力度,充分利用新闻媒介,宣传国家有关环境保护的方针和法规、污染治理动态;发挥公众参与、舆论监督在环境保护中的作用,在广播电台播出20多篇环保专题稿件,在有线电视台"环境与发展"栏目中播出专题5期,对平湖酒厂等废水污染予以新闻曝光。"世界环境日"期间,在平湖电视台《社会纵横》《今日视点》等专栏中进行环保专题报道,市长发表电视讲话,并连续三天播放反映当今环境问题的电视片;《嘉兴日报·平湖版》设环境保护专版。三是继续办好《平湖环境保护》简报,做好《中国环境报》等报刊的发行征订工作。积极参与省环保局举办的环保先进企业图片展,配合科委做好科技成果展览。

1997年2月28日与6月3日,两次召开全市环保工作会议。市环保局与教育局在试点基础上,下半年起在全市29所中、小学全面开设环境教育课程。在市委学习中心组和全市中青年干部培训班上,请省环保局和浙江大学环保专家作“加强环境保护与经济协调发展”的专题报告。

1998年,围绕太湖流域水污染限期治理工作重点,在电视台播出环境专题节目,在《嘉兴日报·平湖版》开辟治污宣传专栏,编发环境保护简报,举办各类环境保护知识讲座。组织开展中、小学环保知识竞赛和环保夏令营活动。组织参加全国性的“热爱我们共有的家园”等活动,获省组织奖。

1999年,围绕环保工作重点,在全市主要新闻媒体上广泛开展环境宣传,同时开拓校园环境教育领域,开展创建绿色环保学校试点,多次邀请省内环保专家为市领导以及市中层干部培训班介绍环境保护的发展现状和趋势,加强可持续发展战略的宣传。

2000年,环保宣传教育抓了六个方面。一是积极实施青少年生态环保行动。以“绿色希望工程”“生态环保行动周(日)”“百团青年环保行”等活动为载体,充分利用团队组织工作网络,在全社会营造全民参与环境保护的氛围。二是围绕“世界环境日”主题,组织100多名中小学生在市青少年活动中心开展百米长卷书画比赛;组织全市各基层团组织开展环保法规知识竞赛活动,通过书面答卷选拔6支队伍参加最后决赛;配合全省统一行动,在市中心开设“世界环境日”现场咨询活动,发放各类环保宣传资料1000余份;在市新闻媒介上进行环境宣传报道,播出环保专题节目。三是会同市计生委、土管局联合举办“为了更好的明天——人口、资源、环境”宣传教育活动,组织开展全国“人口、资源、环境”知识竞赛。四是会同市教委、团市委开展“生态环保行”征文活动,共收到征文130多篇。五是筹划市委理论学习中心组召开环保形势报告会。开展平湖籍大学生环保实践活动,指导中小学校开展环保知识讲座。全年出刊8期《平湖环境保护》简报。六是围绕“一控双达标”工作开展宣传,发挥舆论监督作用。召开社经室老同志座谈会,接受市政协对娱乐场所环境噪声污染问题的专项环保执法检查,推动环境污染防治尤其是社会生活噪声污染的治理工作。

2001年,开展环保宣传月活动。结合“世界环境日”,开展环保咨询服务活动,分发环保宣传资料近1000份;与团市委、市教委联合举行“争创环保生态城市,共建世纪绿色家园”千人签名活动;举办《生态与生态保护》大型报告会;在南市广场举行“共建绿色家园”社区文艺晚会;请省环境科学研究院环保专家为市委理论学习中心组作“生态环境建设和保护”的专题讲座。认真贯彻落实《全国环境宣传教育行动纲要》,会同教委开展“绿色学校”的创建工作,增强广大学生的环境保护意识。

2002年,环保部门会同团市委由500多名学生组成环保志愿者队伍,开展“争当环保小卫士”活动,展示环保宣传图片130余幅;投入15万元,在平湖入城处制作大型环保宣传广告牌;举办环保讲座,专门邀请省环保专家给各乡镇分管环保、工业、农业的副乡(镇)长和各部门领导作“生态经济与可持续发展”的专题报告;在广播、电视、报纸等新闻媒体开办专题节目,宣传环境保护的先进典型,监督各类环保违法行为,形成全社会监督环保工作的局面;大力推动创建绿色学校、绿色社区活动。

2003年,围绕创建国家级生态示范区和“世界环境日”两大宣传重点,在市中心区开展环境保护咨询活动,通过电视台、广播电台、报社等媒体及时报道创建工作中的新动态,营造舆论氛围,提高公众参与创建的积极性。举办分管副乡(镇)长、工办主任、生态示范村支书等领导干部参加的“生态经济与可持续发展”“ISO14000环境管理体系”等环保专题讲座,提高决策者对环境保护和可持续发展的认识。

2004年,结合生态市建设工作实际,在《嘉兴日报·平湖版》刊登“建设生态城市,促进经济发展”的环境日专版;在电台和电视台开设环保专题栏目;在市中心开展环保咨询活动,分发宣传资料近1000份,同时展出生态市建设成果文字图版12幅;通过移动公司、中国电信向全市12万户手机(小灵通)用户发送建设生态市宣传短信。举办生态市建设培训班,9个镇(街道)分管领导、26个市级有关部门领导、36个生态示范村村支部书记参加培训,并组织生态示范村村支部书记赴宁波考察生态村建设;举办平湖市工业企业水污染防治技术培训班,请浙江大学史惠祥博士进行业务辅导。开展绿色学校、绿色社区、绿色医院等创建活动。投入近10万元,在街道、社区设置8幅永久性大型宣传标语牌,设置公交车车身流动广告2辆、街道护栏广告10幅,印发环保宣传资料5000份,印发环保法律法规500多份,赠送报刊、杂志100多份,动员全民参加生态市建设和环境保护。

2005年,在全市新闻媒体开设生态环境保护宣传专栏,公布上年度环保信用评定结果,对上年度受到环保行政处罚的企业予以曝光,组织开展环境好新闻评选活动。召开生态镇(街道)建设实施方案编制研讨会,为镇(街道)制定生态建设实施方案提供技术咨询。邀请环境污染治理专家,分行业对企业污染治理设施操作人员开展2期业务培训班。举办企业业主参加的环境法制讲习班,邀请嘉兴市环境监察大队领导作环境法制专题讲座。组织召开清洁生产技术交流会,邀请清洁生产审核咨询机构作技术辅导,着力推广清洁生产技术,从源头上控制污染。结合"世界环境日",利用小区及主要街道的宣传栏、公共场所电子显示屏等,宣传保护生态环境。继续开展绿色学校、绿色社区、绿色家庭、绿色医院和"保护'母亲河'号"生态监护站等绿色创建活动。

第二节 绿色系列创建

2001年起,为提高全市人民的环境意识和参与环境保护的自觉性,促进社会风尚的形成,开展绿色系列创建活动。

一、"绿色学校"创建

贯彻落实《全国环境宣传教育行动纲要》,注重环境教育面向未来,从青少年抓起,配合教育部门,制定方案,落实措施,在全市范围内有重点地开展“绿色学校”创建工作。重视中小学环境教育活动的开展，通过夏令营、冬令营、知识竞赛和征文比赛等多种形式的课外活动，使学生受到丰富多彩的环境教育。引导学生参与植绿护绿、垃圾分类、废电池回收、爱鸟护鸟等一些力所能及的环保行动。在小学生中间逐步开展“争当环境小卫士”活动。积极鼓励中小学生撰写环境论文、调查报告，以及进行环保方面的小发明、小设计，培养他们的创新精神、实践能力和良好的环境道德意识。2002年，实验小学获得国家级“绿色学校”称号。至2005年，平湖市累计建成国家级“绿色学校”1所、省级“绿色学校”2所、嘉兴市级“绿色学校”13所、平湖市级“绿色学校”26所。

绿色学校创建情况

学校	级别	批准时间
实验小学	国家级绿色学校	2002年
实验小学	省级绿色学校	2002年
当湖高级中学	省级绿色学校	2004年
实验小学	嘉兴市级绿色学校	2001年
东湖中学	嘉兴市级绿色学校	2001年
当湖高级中学	嘉兴市级绿色学校	2003年
乍浦镇中心小学	嘉兴市级绿色学校	2003年
新埭中心小学	嘉兴市级绿色学校	2003年
城关中学	嘉兴市级绿色学校	2005年
乍浦镇中心幼儿园	嘉兴市级绿色学校	2005年
福臻中学	嘉兴市级绿色学校	2005年
乍浦镇初级中学	嘉兴市级绿色学校	2005年
平湖市第二幼儿园	嘉兴市级绿色学校	2005年
平湖市实验幼儿园	嘉兴市级绿色学校	2005年
林埭镇初级中学	嘉兴市级绿色学校	2005年
新埭镇中心幼儿园	嘉兴市级绿色学校	2005年

续表

学校	级别	批准时间
实验小学	平湖市级绿色学校	2001 年
乍浦中心小学	平湖市级绿色学校	2001 年
东湖中学	平湖市级绿色学校	2001 年
城关中学	平湖市级绿色学校	2001 年
当湖高级中学	平湖市级绿色学校	2002 年
当湖镇初级中学	平湖市级绿色学校	2002 年
新埭镇中心小学	平湖市级绿色学校	2002 年
林埭镇初级中学	平湖市级绿色学校	2004 年
乍浦镇初级中学	平湖市级绿色学校	2004 年
当湖镇中心小学	平湖市级绿色学校	2004 年
平湖市第二幼儿园	平湖市级绿色学校	2004 年
平湖市实验幼儿园	平湖市级绿色学校	2004 年
新埭镇中心幼儿园	平湖市级绿色学校	2004 年
乍浦镇中心幼儿园	平湖市级绿色学校	2004 年
嘉兴汽校	平湖市级绿色学校	2005 年
新仓中学	平湖市级绿色学校	2005 年
平师附小	平湖市级绿色学校	2005 年
百花小学	平湖市级绿色学校	2005 年
叔同实验小学	平湖市级绿色学校	2005 年
第一幼儿园	平湖市级绿色学校	2005 年
艺术小学	平湖市级绿色学校	2005 年
东湖小学	平湖市级绿色学校	2005 年
当湖中心小学	平湖市级绿色学校	2005 年
天妃小学	平湖市级绿色学校	2005 年
百花艺术幼儿园	平湖市级绿色学校	2005 年
当湖中心幼儿园	平湖市级绿色学校	2005 年

二、“绿色社区”创建

引导公众积极参与环保活动，为保护环境做好事、做实事。从现在做起，从自己做起，从身边做起，努力将保护环境、合理利用与节约资源的意识和行动渗透到公众日常生活之中，倡导符合绿色文明的生活习惯、消费观念和环境价值观念，开展创建“绿色社区”活动，培养公众良好的环境伦理道德规范，促进良好社会风尚形成。绿色社区的主要标志是：有健全的环境管理和监督体系；有完备的垃圾分类回收系统；有节水、节能和生活污水资源化举措；有一定的环境文化氛围；社区环境要安宁，清洁优美。2002年，当湖镇凤凰新村社区成为首个平湖市级“绿色社区”。至2005年，平湖市累计建成省级“绿色社区”2个、嘉兴市级“绿色社区”2个、平湖市级“绿色社区”8个、省级“绿色家庭”4户（钟埭街道钱景然、当湖街道吴乃复、新埭镇曹秀根、乍浦镇朱光明）。平湖圣雷克大酒店2004年获得浙江省级“保护母亲河”称号。

2005年绿色社区创建情况

省级 绿色社区	批准 时间	嘉兴市级 绿色社区	批准 时间	平湖市级 绿色社区	批准 时间
凤凰新村社区	2003年	凤凰新村社区	2002年	凤凰新村社区	2002年
如意新村社区	2005年	如意新村社区	2004年	如意新村社区 梅兰苑社区 南河头社区 梅园村社区 城北路社区 园乐新村社区 金平新村社区	2004年
2个		2个		8个	

附：

历年世界环境日主题

年份	主　题	年份	主　题
1974	只有一个地球	1994	一个地球，一个家庭
1975	人类居住	1995	各国人民联合起来，创造更加美好的世界
1976	水，生命的重要源泉	1996	我们的地球、居住地、家园
1977	关注臭氧层破坏、水土流失、土壤退化和滥伐森林	1997	为了地球上的生命
1978	没有破坏的发展	1998	为了地球上的生命——拯救我们的海洋
1979	为了儿童和未来——没有破坏的发展	1999	拯救地球，就是拯救未来
1980	新的十年、新的挑战——没有破坏的发展	2000	环境千年，行动起来
1981	保护地下水和人类食物链，防治有毒化学品污染	2001	世间万物，生命之网
1982	纪念斯德哥尔摩人类环境会议 10 周年——提高环境意识	2002	让地球充满生机
1983	管理和处置有害废弃物，防治酸雨破坏和提高能源利用率	2003	水——二十亿人生命之所系
1984	沙漠化	2004	海洋存亡，匹夫有责
1985	青年、人口、环境	2005	营造绿色城市，呵护地球家园
1986	环境与和平	2006	莫使旱地变为沙漠
1987	环境与居住	2007	冰川消融、后果堪忧
1988	保护环境、持续发展、公众参与	2008	转变传统观念，推行低碳经济
1989	警惕：全球变暖！	2009	地球需要你：联合起来应对气候变化
1990	儿童与环境	2010	多样的物种·唯一的地球·共同的未来
1991	气候变化需要全球合作	2011	森林：大自然为您效劳
1992	只有一个地球，一齐关心，共同分享	2012	绿色经济：你参与了吗？
1993	贫穷与环境——摆脱恶性循环		

注：1972 年，第 27 届联合国大会确定，每年的 6 月 5 日为世界环境日。1974 年起，联合国环境规划署确定每年主题，使该年的宣传活动围绕主题，突出重点。

历年世界环境日中国主题(2005 年起)

年份	主　题
2005	人人参与　创建绿色家园
2006	生态安全与环境友好型社会
2007	污染减排与环境友好型社会
2008	绿色奥运与环境友好型社会
2009	减少污染,行动起来
2010	低碳减排·绿色生活
2011	共建生态文明,共享绿色未来
2012	绿色消费,你行动了吗?

第七章　环保组织机构

1983年5月,县环境保护办公室建立,与县基建局合署办公,地址城关镇影院弄36号。1984年体制改革后隶属县城乡建设环境保护局,叶伯诚兼任主任,潘伟群任副主任。1989年9月,成立平湖县环境保护委员会。县环境保护委员会下设办公室,叶伯诚兼任办公室主任,潘伟群兼任办公室副主任。1990年,潘伟群任办公室主任。1995年11月,平湖市环境保护局成立,环境保护办公室机构终止。

环保系统组织主要有局行政、党组织、工会、共青团、妇工委、行业协会及下属事业企业单位。

第一节　行政组织

1995年11月,平湖市环境保护局成立,内设办公室、开发治理科、环境管理科和法制监理科等4个职能科室。1997年3月,机构改革"三定"方案,核定部门行政人员编制10人。领导职数:局长1名,副局长2名,科(股)级领导5名。

2001年12月,根据《平湖市机构改革方案》(平委〔2001〕15号),平湖市环境保护局是市政府主管环境保护工作的职能部门,实行市政府和嘉兴市环境保护局双重领导,以平湖市政府领导为主。局内设科室调整为办公室、法规宣教科、综合管理科以及下属两个事业单位:环境监测站、环境监理大队（2002年9月更名为环境监察大队）。核定局机关行政编制10名，其中局长1名、副局长2名，股级职数4名。

2003年5月，根据市人事部门关于事业单位人员定编定岗工作的要求，经过宣传发动、双向选择、结合实际，对实有事业单位人员进行定编（平环保〔2003〕17号），确定环境监测站编制10人，环境监察大队编制15人。

2007年4月，经市编委同意，局内设科室调整为办公室（法规科）、管理科、生态科。增设环境监控中心，为准公益类事业单位，核定编制2名。

2007年10月，经市编委同意，管理科增挂“辐射科、总量办公室”两块牌子。

2009年1月，经平湖市国有资产管理委员会办公室批准，组建成立平湖市排污权储备交易中心有限公司。12月，经市编委同意，在管理科增挂“行政许可科”牌子。

市环保局成立后，由于内设科室多次调整，行政编制不足，下属事业单位编制逐年增加、机构延伸，在征得组织人事部门的许可下，局中层及下属单位负责人采取混岗任用。1997—2012年，结合内设机构调整、机构改革、定编定岗等工作的开展，对局中层干部及下属单位负责人或部分岗位干部的调配任用采用竞争上岗的形式。经过公开报名、群众推荐、资格审查、竞岗演说、民主测评、组织考察、党组研究及任前公示等程序，并报纪检、组织部门同意，任命使用。其中1997年7月、2007年5月、2012年2月三次竞岗职位面广，基本涉及所有中层干部岗位。

2012年2月，根据市纪委（监察局）要求，建立环境保护局监察室，设主任1名。

平湖市环境保护局原办公地址为平湖市城南东路95号。因城南路拓宽改造，2005年12月办公地址暂搬当湖西路379号。市行政中心建成后，于2010年6月搬迁至胜利路380号市行政中心2号楼二楼办公。

平湖市环境保护局行政领导名录

（1995—2012年）

职务	姓名	任职时间	备注
局长	顾付根	1995.11—2001.12	1995.11成立环境保护局
	肖建华	2001.12—2006.4	
	蔡哲斌	2006.4—2011.12	
	毛小弟	2011.12—	2001.2—2011.11任副局长
副局长	陈保昌	1996.3—2007.4	
	张补林	2005.8—2012.4	
	吴敏奇	2008.5—	
	王玉冰	2012.9—	2007.9—2012.8任局长助理
局长助理	张大好	2012.9—	

平湖市环境保护局内设科室负责人名录

（1996—2012年）

科室名称	职务	姓名	任职时间	备注
办公室	负责人	沈 勤	1996.1—1998.11	
	主 任	沈 勤	1998.11—2001.3	
		吴敏奇	2001.3—2006.8	
		姚金林	2006.8—	
	副主任	吴敏奇	1997.7—2001.3	
		沈 勤	2001.3—	
（开发治理科）	负责人	江 涛	1996.1—1997.7	2001年12月并入综合管理科
	科 长	江 涛	1997.7—2001.12	
（环境管理科）（综合管理科）管理科	负责人	李金喜	1996.1—1997.7	1.2001年12月前称环境管理科；2.2001年12月后称综合管理科；3.2007年4月后改称管理科。
	科 长	李金喜	1997.7—2001.3	
		江 涛	2001.3—2006.8	
		吴敏奇	2006.8—2007.5	

续表

<table>
<tr><th>科室名称</th><th>职务</th><th>姓 名</th><th>任职时间</th><th>备注</th></tr>
<tr><td rowspan="4">(环境管理科)
(综合管理科)
管理科</td><td rowspan="2">科　长</td><td>潘云峰</td><td>2007.5—2012.2</td><td rowspan="4">1.2001 年 12 月前称环境管理科;
2.2001 年 12 月后称综合管理科;
3.2007 年 4 月后改称管理科。</td></tr>
<tr><td>高忠燕</td><td>2012.2—</td></tr>
<tr><td rowspan="2">副科长</td><td>高忠燕</td><td>2007.5—2012.2</td></tr>
<tr><td>吴惠斌</td><td>2012.2—</td></tr>
<tr><td rowspan="5">(法制监理科)
(法规宣教科)
法规科</td><td>负责人</td><td>毛小弟</td><td>1996.1—1997.7</td><td rowspan="5">1.2001 年 12 月前称法制监理科;
2.2001 年 12 月后改称法规宣教科;
3.2007 年 4 月后称法规科。</td></tr>
<tr><td rowspan="2">科　长</td><td>潘云峰</td><td>1997.7—2007.5</td></tr>
<tr><td>姚金林</td><td>2007.5—</td></tr>
<tr><td rowspan="2">副科长</td><td>沈　勤</td><td>2007.5—2012.2</td></tr>
<tr><td>潘杰</td><td>2012.2—</td></tr>
<tr><td rowspan="3">生态科</td><td rowspan="2">科　长</td><td>吴敏奇</td><td>2007.5—2008.12</td><td rowspan="3">2007 年 4 月设置生态科</td></tr>
<tr><td>潘云峰</td><td>2012.2—</td></tr>
<tr><td>副科长</td><td>张大好</td><td>2008.12—2012.2</td></tr>
<tr><td>监察室</td><td>主　任</td><td>张大好</td><td>2012.2—</td><td>2012 年 2 月设立监察室</td></tr>
</table>

说明:1.建局初(1996 年 1 月—1997 年 7 月期间)内设科室均称负责人,1997 年 7 月后正式任命。
2.带()的科室为曾设科室,后经更名为现科室。

第二节　党组织

一、中共平湖市环境保护局党组

1996 年1 月 15 日,经中共平湖市委研究决定,建立中共平湖市环境保护局党组(市委干〔1996〕2 号)。党组由顾付根、潘伟群、毛小弟 3 人组成,顾付根任党组书记。1996—2012 年间,因人事变动,党组成员有了多次调整。

中共平湖市环境保护局党组领导名录

（1996—2012年）

职务	姓名	任职时间	备注
书　记	顾付根	1996.1—1998.6	1998.6—2001.12为副书记
	金良观	1998.7—1999.11	
	（缺职）	1999.11—2001.12	
	肖建华	2001.12—2005.8	2005.8—2006.4为副书记
	张补林	2005.8—2012.4	
	毛小弟	2012.5—	1996.1—2012.5为党组成员
副书记	顾德钧	2001.12—2004.6	
	顾国富	2004.8—2012.2	
	蔡哲斌	2006.4—2011.12	
	梁志强	2012.2—	
成　员	潘伟群	1996.1—1998.6	
	陈保昌	1996.3—2007.4	
	王玉冰	2007.9—	
	吴敏奇	2008.5—	
	张大好	2012.9—	

平湖市环境保护局协理员任职名录

姓名	性别	职务	任职时间	备注
金良观	女	正科级协理员	1999.11—2002.1	2002.1离岗退养 2004.6退休
顾德钧	男	副科级协理员	2004.6—2011.6	2011.6退休
陈保昌	男	正科级协理员	2007.4—	
张补林	男	正科级协理员	2012.4—	

二、平湖市环境保护局纪检监察组

平湖市环境保护局纪检监察组于2001年12月建立，顾德钧任组长。2002年4月,经中共平湖市纪委批准(平纪〔2002〕19号),增补毛小弟、沈勤为纪检组组员。2004年8月,纪检监察组组长由顾国富担任。2009年9月,纪检组成员进行调整,增补王玉冰、吴勤华、李金喜3人为纪检组组员,王玉冰任纪检组副组长,免去毛小弟纪检组组员职务(平纪〔2009〕44号)。

2011年9月,市委决定(平委办〔2011〕58号),将部门(单位)纪检监察组织改为市纪委监察局派驻(出)纪检监察机构,领导体制由原先市纪委、市监察局和驻在部门双重领导改为由市纪委、市监察局直接领导。市环保局纪检监察组改设为派驻纪检组,纪检组长仍由顾国富担任,原纪检组副组长、成员任职至文到之日。2012年2月起,市纪委派驻环保局纪检组组长由梁志强担任。

纪检组长:顾德钧 (2001.12—2004.6)
顾国富 (2004.8—2012.2)
梁志强 (2012.2—)
副 组 长:王玉冰 (2009.9—2011.9)
组　　员:毛小弟 (2002.4—2009.9)
沈　勤 (2002.4—2011.9)
吴勤华 (2009.9—2011.9)
李金喜 (2009.9—2011.9)

三、中共平湖市环境保护局支部

1987年5月，经县委组织部批准，建立平湖县环境保护监测站党支部,隶属平湖县城乡建设环境保护局党委领导,潘伟群任首届环境保护监测站党支部书记。1989—1995年期间,党支部先后于1989年8月、1991年12月、1993年9月、1995年5月进行4次换届，支部书记均由潘伟群担任。

1995年11月,平湖市环境保护局建立,环境监测站党支部改称为平湖市环境保护局党支部,隶属中共平湖市委直属机关工作委员会(以下简称“市直机关党工委”)领导。1996—2012年期间,党支部先后于1998年9月、2005年6月、2009年11月、2012年5月进行换届。2012年,党支部有党员34名。

中共平湖市环境保护局(县环境监测站)支部领导名录

支部名称	职务	姓名	任职时间	备注
县环境监测站党支部	书记	潘伟群	1987.5—1998.9	1987.5成立县环境监测站党支部
市环境保护局党支部	书记	金良观	1998.9—2002.1	支委:毛小弟、沈勤、周秀华
市环境保护局党支部	书记	顾德钧	2002.1—2005.6	支委:毛小弟、沈勤、周秀华
市环境保护局党支部	书记	顾国富	2005.6—2009.11	支委:吴敏奇、沈勤、张大好
			2009.11—2012.5	副书记:李金喜 支委:沈勤、高国营、吴勤华
市环境保护局党支部	书记	梁志强	2012.5—	副书记:姚金林 支委:潘杰、李金喜、张大好

第三节　群团组织

一、平湖市环境保护局工会

1983年5月平湖县环境保护办公室、平湖县环境监测站建立后,随着环保事业的不断发展,环保机构力量逐年加强。进入90年代,环保干部职工已有20余人。为有利于工会工作的开展,根据市城乡建设环境保护局机关工会关于单独设立环保工会的意见,报市总工会批准,于1992年1月13日召开全体会员大会(共有会员21人),选举产生平湖市环境监测站首届工会委员会,委员会由李金喜、江涛、徐峰3人组成,李金喜任工会主席。1995年11月平湖市环境保护局成立后,工会更名为平湖市环境保护局工会委员会。

1996年10月,根据市总工会有关基层工会按系统分级管理的要求,平湖市环保局工会归口平湖市市级机关工会管辖管理。1997年1月和2001年10月,局工会进行过2次换届,工会主席均由沈勤担任。2006年12月工会换届后,工会主席由顾国富兼任。至2012年,有会员85人。

平湖市环境保护局(监测站)工会负责人名录

工会名称	职务	姓名	任职时间
平湖市环境监测站工会	主席	李金喜	1992.1—1997.1
平湖市环境保护局工会	主席	沈　勤	1997.1—2006.12
平湖市环境保护局工会	主席	顾国富	2006.12—

二、平湖市环境保护局团支部

1983年5月平湖县环境监测站建立后,人员配备逐年增加。至1989年3月,监测站在编人员中有共青团员6名。为更好地发挥团员青年的生力军作用,积极协助站党支部做好各项工作,征得城建局团组织的同意,1989年3月24日召开全体团员会议,选举产生平湖县环境监测站首届团支部,徐峰任团支部书记,江涛任团支部副书记。1995年8月,监测站团支部进行换届,谢永华任团支部书记,王勇、严健任团支部委员。1995年11月市环保局建立后,改称为平湖市环境保护局团支部。

1997年,环保局团支部换届,张大好任团支部书记。2009年12月,团支部换届,潘杰任团支部书记。2012年,有团员18人。

平湖市环境保护局(监测站)团支部负责人名录

名 称	职务	姓名	任职时间	备注
环境监测站团支部	书记	徐 峰	1989.3—1995.8	副书记:江涛
环境监测站团支部	书记	谢永华	1995.8—1997	支委:王勇、严健
环境保护局团支部	书记	张大好	1997 —2009.12	2002.3 增选支委 杨恺敏、崔斌
环境保护局团支部	书记	潘 杰	2009.12—	支委:沈慧、钱晓辉

三、平湖市环境保护局妇女工作小组

平湖市环境保护局建局前,由于市环保办公室、环境监测站人员少,至1995年女干部职工仅有5人,未设妇女工作专门组织。凡涉及妇女工作、计划生育等由陈玮具体负责,妇女工作归属市城建局党委、妇委会领导管辖。

1996年市环境保护局成立后,群团工作开展日趋正常,妇女工作随局党支部、工会、共青团组织一起归口市直机关党工委(妇工委)管辖,在局党支部领导下开展工作。随着女职工的不断增多,2003年3月3日局召开全体女职工会议,成立市环保局妇女工作小组,时有女干部职工13人。选举陈玮、沈勤、张大好3人为小组成员,陈玮任组长。2012年,全局有女干部职工19人。

四、平湖市环境保护协会

(一)协会领导名录

1998年6月5日,平湖市环境保护协会成立,有首批团体会员31个,个人会员76名,选举产生第一届理事会。首届理事会由15人组成。

理　　事:顾付根、陈保昌、潘伟群、毛小弟、周秀华、
高忠燕、朱在龙、张保根、陆　震、俞跃进、
谢海琪、丁斌良、徐景初、吴根祥、俞玉明。

理　　事　　长:顾付根

常务副理事长:陈保昌

副　理　事　长:潘伟群、毛小弟、朱在龙、张保根

秘　　书　　长:潘伟群(兼)

副　秘　书　长:周秀华、高忠燕

聘请刘耀明为市环境保护协会名誉理事长,宋家聪、胡水良、徐士元、张志培为市环境保护协会顾问。

因人事变动,2002 年 4 月起,市环境保护协会理事长由肖建华担任。

2003 年 5 月 10 日,平湖市环境保护协会召开第二届会员代表大会,有团体会员 47 个、个人会员 99 名,选举产生第二届理事会,共有 21 人组成。

理　　事:丁斌良、马进其、王云根、戈海华、毛小弟、包跃其、
肖建华、张国跃、张金华、张保根、金小弟、周叶芳、
陈保昌、陈引发、俞玉明、高忠燕、徐景初、屠保林、
谢财荣、蔡国平、戴伟良

理 事 长:肖建华

副理事长:陈保昌、毛小弟、陈引发、张国跃、张保根、戈海华

秘 书 长:毛小弟(兼)

副秘书长:高忠燕

聘请马雪腾为市环境保护协会名誉理事长。

2009 年 3 月 20 日,平湖市环境保护协会召开第三次会员代表大会,有团体会员 47 个、个人会员 99 名,选举产生了第三届理事会,共有 21 人组成。

理　　事:丁斌良、马进其、王云根、戈海华、毛小弟、包跃其、
张国跃、张金华、张保根、金小弟、周叶芳、陈保昌、
陈引发、俞玉明、高忠燕、徐景初、屠保林、谢财荣、
蔡哲斌、蔡国平、戴伟良

理 事 长:蔡哲斌

副理事长:陈保昌、毛小弟、陈引发、张国跃、张保根、戈海华

秘 书 长:毛小弟(兼)

副秘书长:高忠燕

(二)环保协会业务范围

积极开展多种形式的学术活动,推广环保先进技术,开展环保技术的协作,组织环保技术课题的攻关、环保科技考察等,不断提高全市环境科学技术水平。

发挥环保咨询作用,组织或协调有关部门办好企业环境管理、环境监测、污染治理等技术培训、科普电化教育,普及环境科学知识、环境法律、法规知识,培养环保科技人才,推进环保事业的发展。

组织会员撰写学术论文,进行技术经验交流,编印学术、科技和科普资料,推广环保最佳实用技术、环保科技信息和科技成果。主动接受政府部门和企事业单位委托的有关项目。

协助党和政府落实党的知识分子政策,反映会员和环保科技工作者的建设性意见和合理化建议,维护会员和科技工作者合法权益。表扬奖励为环保事业作出优良成绩的会员并向有关部门推荐科技人才,充分发挥会员的积极性和创造性。

根据学术活动的需要,由协会理事会研究决定下设专业学组:环境管理学组、环境监测学组、环境工程学组。各学组设正副组长各一人,协会根据会员从事的工作性质,分别编入各专业学组,并上报市科协备案。

(三)各专业学组职责

组织专业技术活动,向理事会推荐先进技术、科研成果、学术论文;本学组会员之间进行经常性的学术交流和联系,并开展技术咨询服务;承办协会交给的工作任务;各学组每年活动不少于3次。

第四节　事业单位

一、平湖市环境监测站

(一)概况

平湖县环境保护监测站成立于1983年5月,属事业单位,受平湖县环境保护办公室领导。1984年体制改革后,隶属城乡建设环境保护局,核定事业编制人员14名。1986年1月,平湖县环境保护监测站搬至城南东路95号新环境监测大楼办公。平湖1991年6月撤县设市后,改称为平湖市环境监测站。

1995年11月,平湖市环境保护局成立,平湖市环境监测站属市环保局下属具有政府行为的社会公益性事业单位,其职能是承担平湖市的环境质量、污染源排放及其他相关的环境监测工作。业务上受浙江省环境监测中心(站)和嘉兴市环境监测站指导,属国家环境监测网络中的三级站。随着事业的发展,经编委批准2006年增编3人,2010年增编5人,2012年增编10人(其中嘉兴港区4名)。2012年,环境监测站共有编制数32人(其中高级职称4人、中级职称10人、初级职称8人)。

2004年7月,因城南路拓宽改造,环境监测站暂搬环城南路30号(原市府一招)。市行政中心建成后,2010年9月平湖市环境监测站迁入胜利路380号行政中心2号楼(一楼),总使用面积1477平方米,其中监测室面积1011平方米,办公面积466平方米。内设综合室、水质监测室、大气监测室、自动监测室4个科室。拥有各类监测仪器设备180余台(套),包括原子吸收分光光度仪、原子荧光分光光度仪、离子色谱仪、气相色谱仪,可见及紫外—可见分光光度计、红外光度测油仪、烟尘(气)测试仪、烟气综合采样仪、噪声统计分析仪、大气自动站3座等,总价值约为889万元。

1996—2010年15年间,用于环境监测能力建设的投入达1717.64万元。

(二)主要工作职责

定期进行环境质量例行监测,包括地表水、环境空气、降水、土壤和底质、生物、噪声与振动等常规监测工作;负责辖区内污染源监督监测,包括排污收费监测、排污申报监测、重点污染源监测、建设项目竣工环保设施验收监测、污染治理项目环保设施效果测试、污染事故应急监测、污染事故仲裁监测等;编制平湖市环境监测年鉴、年度和五年环境质量报告书,以及环境要素的报告,负责辖区内建设项目环境质量评价;向环境管理部门提供各类环境状况分析报告;向社会提供环境监测、科技咨询服务。

平湖市(县)环境监测站领导名录

名称	职务	姓名	任职时间	备注
县环境保护监测站	站长	潘伟群	1983.5—1995.9	1983 年 5 月监测站建立
市环境监测站	站长	丁效良	1995.9—1995.12	
		(缺职)	1996.1—1997.1	
	站长	顾付根(兼)	1997.2—1997.12	
	站长	周秀华(女)	1997.12—2003.5	
	站长	江　涛	2003.5—2012.2	
	站长	李金喜	2012.2—	
	副站长	毛小弟	1992.11—1995.12	
	副站长	张金华	1992.11—1996.12	1996 年 1 月—1996 年 12 月主持站工作
	副站长	周秀华(女)	1997.2—1997.12	
	副站长	王　勇	1997.12—2012.2	
	副站长	吴勤华	2007.5—	
	副站长	王照龙	2012.2—	

二、平湖市环境监察大队

(一)概况

为加强环境现场的执法监督、规范执法行为,1999 年 5 月,经市编制委员会批准,成立平湖市环境监理大队。该大队为全民事业单位,隶属市环境保护局领导,核定人员编制 10 人,经费实行全额拨款,人员在环境监测站内调剂解决。办公地点城南东路 95 号。2002 年 9 月,根据国家环保总局《关于统一规范环境监察机构名称的通知》精神,更名为平湖市环境监察大队。随着环保事业的发展,2002—2006 年,环境监察大队先后增加编制 13 名。2005 年 12 月,因城南路拓宽改造,环境监察大队暂搬当湖西路 379 号。2007 年 4 月,经批准,在全市分片设立当湖环境监察中队、新埭环境监察中队、黄姑环境监察中队三个派出机构,同时增加编制 10 名。2008 年 11 月, 环境监察大队通过环境监察标准化建设国家一级达标验收。2009 年 12 月,环境监察大队批准为参照公务员法管理的事业单位。市行政中心建成后,环境监察大队于 2010 年 6 月搬迁至胜利路 380 号市行政中心 2 号楼二楼办公。至 2010 年底,用于环境监察能力建设投入 630.28 万元。2012 年,经编委批准增加编制 5 名(其中嘉兴港区 2 名)。至年末,环境监察大队总编制数 38 人。

(二)主要职责

贯彻国家和地方环境保护的有关法律、法规、政策和规章。依据主管环境保护部门的委托, 依法对辖区内单位或个人执行环境保护的情况进行现场监督、检查,并按规定进行处理。负责辖区内污染源的污染物排放情况与污染治理设施运行情况的现场监察。负责辖区内建设项目 “三同时”与限期治理项目的执行情况的现场监察。负责辖区内环境违法案件及突发性环境污染事件的调查取证;负责辖区内违反环保法律、法规的处罚决定的执行。负责辖区内排污申报登记、排污量核定和排污费征收、催缴,排污费统计报表编审、上报工作。负责所管辖区域内涉及环境污染事故、环境信访、污染纠纷的调查处理。负责执行主管局和上级环境保护部门的各项决定,并承担其交办的其他任务。

平湖市环境监察大队领导名录

职 务	姓名	任职时间	备注
大队长	毛小弟	1999.5—2001.3	1999.5 平湖市环境监理大队成立
	李金喜	2001.3—2012.2	
	符新良	2012.2—	
副大队长	吴敏奇	2003.5—2006.8	正大队长级
	符新良	2007.5—2012.2	兼当湖环境监察中队中队长
	许震海	2007.5—	兼新埭环境监察中队中队长
	崔 斌	2007.5—2008.12	兼黄姑环境监察中队中队长
	吕千里	2008.12—	2008.12—2012.2 兼黄姑环境监察中队中队长,2012.2 后兼当湖环境监察中队中队长
	王 勇	2012.2—	兼黄姑环境监察中队中队长

三、平湖市环境监控中心

2007 年 4 月 20 日,经平湖市编委(平编委〔2007〕16 号]批准,成立平湖市环境监控中心,隶属平湖市环境保护局,为准公益类事业单位,核定编制 2 人。2012 年 10 月增编 1 名。

其主要工作职责是:对全市重点污染源全面实施实时在线监测、监视、监控;对已建成的 5 个自动监测站、14 个水质监控断面(其中国控 2 个断面,省控 3 个断面)的日常运行管理及数据汇总处理等,并与省、嘉兴市局实行联网;企业环保信用评价、网站管理、环保宣传教育、政务信息等工作。

2012 年 2 月,平湖市环境监控中心设副主任 1 名,由沈慧担任。

第五节　环保企业

2009年1月21日，经平湖市国有资产管理委员会办公室（平国资办〔2009〕4号）批准，组建成立平湖市排污权储备交易中心有限公司，性质为国有独资公司，业务范围：主要从事化学需氧量和二氧化硫储备、交易。公司董事会由高忠燕、徐亚芳、杨恺敏三人组成，高忠燕兼任董事长、总经理。

2010年8月5日，经市国有资产管理委员会办公室同意，招聘工作人员2名。

2012年2月，平湖市排污权储备交易中心设副主任1名，由杨恺敏担任。

1983—2012 年平湖市环境保护局及所属单位编制核定情况

时间	局机关	环境 监测站	环境 监察大队	环境 监控中心	排污权储备 交易公司	备　注
	公务员 编制	准公益类 事业编制	(参照) 事业编制	准公益类 事业编制	国企编制	
1983 年 5 月		14 人(核定)				环境监测站成立 平政〔83〕59 号
1997 年 3 月	10 人(核定)					环境保护局成立 平编委〔1995〕35 号
1999 年 5 月			10 人(核定)			环境监理大队成立 平编委〔1999〕7 号
2002 年 11 月			10 人(增加)			平编委〔2002〕34 号
2006 年 5 月		3 人(增加)	3 人(增加)			平编委〔2006〕8 号
2007 年 4 月			10 人(增加)	2 人(核定)		环境监控中心成立 平编委〔2007〕16 号、17 号
2010 年 8 月					2 人(招聘)	排污权储备交易公司 2009 年 1 月成立 平国资办〔[2010]72 号批复
2010 年 11 月		5 人(增加)				平编委〔2010〕20 号
2012 年 2 月		4 人(港区)				平编委〔2012〕12 号
2012 年 4 月			2 人(港区)			平编委〔2012〕30 号
2012 年 10 月		6 人(增加)	3 人(增加)	1 人(增加)		平编委〔2012〕42 号 平编委〔2012〕73 号
合　计	10 人	32 人	38 人	3 人	2 人	

注:2009 年 12 月,环境监察大队批准为参照公务员法管理的事业单位。

附 录

一、环保系统先进集体、先进个人名录

嘉兴市级以上先进集体荣誉、奖项一览

授予年份	荣誉奖项名称	授予部门
1992	“浙江省粮食中农药(六六六、DDT)污染追踪及重金属含量水平调查”课题获省环保科技进步三等奖	浙江省环境监测中心
1993	缫丝汏头废水处理方法获国家发明专利	国家专利局
	“TAD-气浮法”废水处理工艺获国家环保科技进步二等奖	国家环保局
	1992年度排污收费先进集体	浙江省环保局
1994	“TAD-气浮法”废水处理工艺获1993年度省环保科技进步一等奖	浙江省环保局
2000	卫生先进单位	嘉兴市爱卫委
2001	2000年度全省环境保护政务信息工作先进集体	浙江省环保局
2002	“九五”期间全省环保系统先进集体	浙江省人事厅、环保局
2003	环境监察大队标准化建设达标单位(二级)	嘉兴市环保局
2006	2005年度环境监察模范大队	浙江省环保局
	2005年度浙江省环境自动监测监控建设工作先进单位	浙江省环保局
	2005年度嘉兴市级先进志愿者组织	嘉兴市志愿者协会

续表

授予年份	荣誉奖项名称	授予部门
2007	2006 年度环境监察优胜大队	浙江省环保局
	全省生态环境功能区规划编制工作先进集体	浙江省环保局
2008	2007 年度环境监察先进大队	浙江省环保局
2009	2008 年度市县(区)环保局目标责任制考核优秀单位	嘉兴市环保局
	2008 年度全省环保系统政务信息工作考核先进单位	浙江省环保局
	2008 年度信访红旗单位	嘉兴市环保局
	全市环保系统迎国庆文艺汇演一等奖	嘉兴市环保局
2010	2009 年度环境执法先进集体	嘉兴市环保局
	第一次全国污染源普查先进集体	国家环保部、国家统计局、农业部
	2009 年度信访红旗单位	浙江省环保局
	2009 年度浙江省地表水环境自动监测站运行管理先进单位	浙江省环境监测中心
2011	嘉兴市“十一五”期间减排工作先进单位	嘉兴市政府办公室
	2010 年度信访红旗单位	嘉兴市环保局
	2010 年度全市环境监察系统先进集体	嘉兴市环保局
	中国环境报宣传工作先进单位	中国环境报社
2012	2011 年度浙江省地表水自动监测站运行管理先进单位	浙江省环境监测中心
	中国环境报 2011 年度宣传工作先进单位	中国环境报社

嘉兴市级以上先进个人荣誉一览

授予年份	姓名	荣誉名称	授予部门
1988	潘伟群	浙江省环境保护先进工作者	浙江省环保局
1991	潘伟群	1989 年全国乡镇工业污染源调查省级先进工作者	浙江省环保局、乡企局、统计局
1992	潘伟群	1990—1991 年度浙江省环境保护先进个人	浙江省环保局
	潘伟群	全市地面水环境保护功能区区划工作市级先进个人	嘉兴市水源保护规划办
	潘伟群	“浙江省粮食中农药(六六六、DDT)污染追踪及重金属含量水平调查”课题省环保科技进步三等奖(主要参加者)	浙江省环境监测中心
1993	潘伟群	“TAD-气浮法”废水处理工艺获部级环保科技进步二等奖	国家环保局
1994	潘伟群	1992—1993 年度全省环境保护先进个人	浙江省环保局
	潘伟群	嘉兴市 1992—1993 年度排污收费先进个人	嘉兴市环保局
	潘伟群	“TAD-气浮法” 废水处理工艺获 1993 年度省环保科技进步一等奖(第一完成者)	浙江省环保局
1998	李金喜	全国乡镇污染源调查先进个人	浙江省环保局
2005	李金喜	全国打击环境违法行为先进个人	国家环保总局
	符新良	嘉兴市 2004—2005 年度信访工作先进个人	嘉兴市委、市政府
2006	李金喜	嘉兴市环境执法能手	嘉兴市环保局
	李金喜	全省环保系统优秀共产党员	浙江省环保局
	符新良	全省环境信访先进工作者	浙江省环保局
2008	许震海	2007 年度全省排污申报和排污收费标兵	浙江省环保局
	李金喜	2007 年度全国排污申报核定工作先进个人	国家环保部环境监察局
	吴勤华	2007 年度全省环保系统优秀共产党员	浙江省环保局
2009	李金喜	2007—2008 年度优秀市人大代表	嘉兴市人大常委会
	李金喜	2008 年度信访先进工作者	浙江省环保局
	吴勤华	2008 年度全省自动监测运行管理先进个人	浙江省环境监测中心

续表

授予年份	姓名	荣誉名称	授予部门
2009	符新良	嘉兴市环境执法能手	嘉兴市环保局
	毛小弟	2008 年度浙江省减排工作先进个人	浙江省人民政府
2010	李金喜	2009 年信访先进工作者	浙江省环保局
	李金喜	嘉兴市环保系统十大卫士	嘉兴市环保局
	李金喜	全省环保系统十大卫士	浙江省环保厅
	王　勇	第一次全国污染源普查工作先进个人	国家环保部、国家统计局、农业部
	刘俊翔	浙江省第一次全国污染源普查工作先进个人	浙江省环保厅、省统计局、省农业厅
	吴勤华	2009 年度浙江省环境保护科技工作先进个人	浙江省环保厅
	吴勤华	2009 年度全省自动监测运行管理先进个人	浙江省环境监测中心
	符新良	全国环境信访工作荣誉工作者	国家环境保护部
	沈耀宗	嘉兴市第一次全市污染源普查工作先进个人	嘉兴市第一次全市污染源普查领导小组
	吴惠斌	2009 年度全市污染减排工作先进个人	嘉兴市人民政府办公室
	崔　斌	2009 年度环境应急先进个人	嘉兴市环保局
	吕千里	2009 年度排污申报和排污收费标兵	嘉兴市环保局
2011	胡鸿亮	2010 年度嘉兴市环境信访先进工作者	嘉兴市环保局
	张大好	2011 年度嘉兴市 “生态示范和绿色创建”工作先进个人	嘉兴市生态办
	王玉冰	2010 年度全省环境监察政务信息工作先进个人	浙江省环境执法稽查总队
2012	吴勤华	嘉兴市“十一五”期间减排工作先进个人	嘉兴市人民政府办公室
	吴勤华	2011 年度全省自动监测运行管理先进个人	浙江省环境监测中心
	潘云峰	嘉兴市“十一五”期间减排工作先进个人	嘉兴市人民政府办公室
	吴惠斌	嘉兴市“十一五”期间减排工作先进个人	嘉兴市人民政府办公室
	崔　斌	2011 年度环境执法能手	嘉兴市环保局

二、环保系统在编及退休人员基本情况

2012年局机关在编工作人员基本情况一览

序号	姓名	性别	出生年月	工作时间	学历	职务	身份	备注
1	毛小弟	男	1964.9	1984.8	大学 研究生结业	局长	公务员	
2	梁志强	男	1962.11	1981.11	大专	副书记	公务员	
3	吴敏奇	男	1965.1	1989.8	大学 研究生结业	副局长	公务员	
4	王玉冰	男	1980.2	2002.8	大学	副局长	公务员	
5	张补林	男	1955.3	1976.2	高中	正科级 协理员	公务员	
6	陈保昌	男	1954.3	1974.12	大专	正科级 协理员	公务员	
7	施叶根	男	1955.10	1974.12	高中		公务员	
8	陈 玮	女	1962.9	1981.11	大专		公务员	
9	姚金林	男	1970.12	1990.8	大专	主任	公务员	
10	沈 勤	女	1964.7	1982.12	大专	副主任	公务员	
11	潘云峰	男	1965.7	1985.11	大学	科长	公务员	
12	陈 卫	男	1967.2	1987.12	大专		公务员	
13	夏竹青	男	1981.9	2005.7	大学		公务员	

2012年环境监察大队在编工作人员基本情况一览

序号	姓名	性别	出生年月	工作时间	学历	职务	职称(或非领导职务)	身份	备注
1	苏 萍	女	1966.12	1980.12	大专		主任科员	参照公务员	
2	许震海	男	1966.3	1989.8	大学	副大队长	副主任科员	参照公务员	
3	李金喜	男	1963.3	1983.7	大学	站长	副主任科员	参照公务员	监测站任职
4	严 健	女	1968.5	1990.8	大学		副主任科员	参照公务员	
5	高忠燕	女	1968.6	1991.8	大学	科长	副主任科员	参照公务员	局机关任职
6	符新良	男	1966.9	1989.8	大学	大队长	副主任科员	参照公务员	
7	吕千里	男	1970.1	1991.8	大学	副大队长	副主任科员	参照公务员	
8	胡鸿亮	男	1976.9	1998.9	大学		副主任科员	参照公务员	
9	章圣祥	男	1984.12	2009.7	硕士研究生		副主任科员	参照公务员	
10	陈国岩	男	1981.6	2009.7	硕士研究生		副主任科员	参照公务员	
11	齐正旺	男	1982.1	2009.7	硕士研究生		副主任科员	参照公务员	
12	杨恺敏	女	1974.11	1996.10	大学	副主任	科员	参照公务员	“环保窗口”任职
13	吴晓蕾	女	1976.10	1996.10	大学		科员	参照公务员	
14	潘 杰	男	1983.12	2006.7	大学	副科长	科员	参照公务员	局机关任职
15	吴惠斌	男	1983. 9	2005.10	大学	副科长	科员	参照公务员	局机关任职

续表

序号	姓名	性别	出生年月	工作时间	学历	职务	职称(或非领导职务)	身份	备注
16	陶黎黎	女	1984. 2	2007.5	大学		科员	参照公务员	
17	廖国云	男	1982.10	2007.9	大学		科员	参照公务员	
18	顾利健	男	1983.12	2007.9	大学		科员	参照公务员	
19	方 贞	女	1982.12	2007.9	大学		科员	参照公务员	
20	严红冰	男	1982.7	2005.8	大学		科员	参照公务员	
21	谭丽霞	女	1987.8	2010.8	大学		科员	参照公务员	
22	沈 静	女	1987.5	2010.8	大学		科员	参照公务员	
23	王 盛	男	1986.6	2010.8	大学		科员	参照公务员	
24	朱元震	男	1984.5	2010.8	大学		科员	参照公务员	
25	崔 斌	男	1975.1	1993.12	大学		办事员	管理人员	
26	王忠勤	男	1970.11	1992.12	初中		技工	工人	
27	张金华	男	1965.1	1986.7	大学 研究生结业		工程师	专业技术人员	
28	彭建伟	男	1983.4	2004.8	大学		科员	参照公务员	
29	傅则妍	女	1987.7	2012.8	大学		试用期	参照公务员	

2012 年环境监测站在编工作人员基本情况一览

序号	姓名	性别	出生年月	工作时间	学历	职务	职称(或非领导职务)	身份	备注
1	江　涛	男	1961.7	1982.8	大学		高工	专业技术人员	
2	王　勇	男	1967.6	1990.8	大学	副大队长	高工	专业技术人员	监察大队任职
3	何　骁	男	1966.7	1989.8	大学		高工	专业技术人员	
4	王照龙	男	1970.9	1994.9	大学	副站长	高工	专业技术人员	
5	徐　峰	男	1965.3	1988.8	大学		工程师	专业技术人员	
6	吴勤华	男	1968.5	1991.8	大学 研究生结业	副站长	工程师	专业技术人员	
7	张大好	女	1975.5	1996.8	大学	党组成员、科长	工程师	专业技术人员	局机关任职
8	曹佳初	女	1978.2	1997.8	大学		工程师	专业技术人员	
9	陆　骏	男	1978.10	2001.7	大学		工程师	专业技术人员	
10	刘俊翔	男	1980.6	2003.7	大学		工程师	专业技术人员	
11	陈其峰	男	1981.9	2005.7	大学		工程师	专业技术人员	
12	钱晓辉	男	1981.7	2005.7	大学		工程师	专业技术人员	
13	李　炜	男	1980.2	2005.6	大学		工程师	专业技术人员	
14	沈耀宗	男	1982.1	2006.5	大学		工程师	专业技术人员	

续表

序号	姓名	性别	出生年月	工作时间	学历	职务	职称(或非领导职务)	身份	备注
15	曹　雷	男	1977.10	1996.12	大专		助工	专业技术人员	
16	方　芳	女	1978.11	1998.5	大学		助工	专业技术人员	
17	陆嘉伦	男	1981.9	2006.3	大学		助工	专业技术人员	
18	徐　俊	男	1983.2	2008.2	大学		助工	专业技术人员	
19	方鹿跃	男	1987.3	2011.7	大学		助工	专业技术人员	
20	李　佳	女	1982.12	2007.10	大学		助工	专业技术人员	
21	张　康	男	1982.10	2008.10	硕士研究生		助工	专业技术人员	
22	李　超	男	1979.5	2006.11	硕士研究生		助工	专业技术人员	乍浦分站

2012 年环境监控中心在编工作人员基本情况一览

序号	姓名	性别	出生年月	工作时间	学历	职务	职称(或非领导职务)	身份	备注
1	沈　慧	女	1983.9	2008.8	大学	副主任	助工	专业技术人员	
2	金雅薇	女	1982.4	2010.1	硕士研究生		技术员	专业技术人员	
3	闫　默	男	1980.7	1998.9	大学		中级	专业技术人员	

2012 年排污权储备交易中心有限公司在编人员基本情况一览

序号	姓名	性别	出生年月	工作时间	学历	职务	职称(或非领导职务)	身份	备注
1	葛蓓蓓	女	1985.11	2010.10	大学			国企招聘	监察大队任职
2	汤婷婷	女	1987.5	2012.6	大学			国企招聘	局办公室任职

2012 年环保局退休人员基本情况一览

编号	姓名	性别	出生年月	工作时间	学历	退休时间	编制	备注
1	杨志兴	男	1937.5	1960.8	中专	1997.8	事业	
2	潘伟群	男	1938.2	1956.2	大专	2000.6	事业	
3	金良观	女	1949.5	1965.10	大专	2004.6	公务员	2002 年 1 月离岗退养
4	周秀华	女	1956.4	1974.1	大专	2011.5	参照公务员	
5	顾德钧	男	1951.5	1969.3	中专	2011.6	公务员	

三、文件选编

关于设立县环保机构的通知

平政〔83〕59号

各公社管委会、镇人民政府,县政府各部门、县属各单位:

根据《环境保护法(试行)》规定精神和上级有关指示,为了加强我县的环境保护工作,防止环境污染和生态破坏,以保护人民健康,促进经济发展,经研究决定:设立平湖县环境保护办公室和平湖县环境保护监测站。县环保办公室是县人民政府的环保机构,与县基建局合署办公。县环保监测站属事业单位,受县环保办公室领导。人员编制由组织人事部门另定。

平湖县人民政府

一九八三年五月十七日

关于征收排污费的通知

平政〔1984〕80号

各乡、镇人民政府,各有关委、办、局,企、事业各单位:

随着我县工农业生产的迅速发展,工业"三废"对环境的污染日趋严重,根据八三年度全县主要企、事业单位不完全统计,我县未经处理直接排入江河的各类废水达一千一百八十二万吨,处理率仅占0.6%。按耗煤计算排入大气的污染物总量为十万四千八百七十点七万标立方米,废渣和噪声污染亦很严重,如任其发展下去,后果将不堪设想。为了坚决贯彻保护环境的基本国策,促进企事业单位加强经营管理,减少污染物排放,开展能源的综合利用,加快“三废”治理,保障人民的身体健康,根据《中华人民共和国环境保护法》、《水污染防治法》、国务院关于《征收排污费暂行办法》和《省防治污染暂行规定》、《省征收排污费和罚款暂行条例》,决定从今年二季度开始,对我县各企、事业单位超标排放污染物,实行征收排污费,现将有关规定通知如下:

一、在我县范围内,凡排放污染物超过国家和省规定标准的一切企业、事业单位(包括个体户),均要按照污染物危害大小、超过排放标准的倍数或数量,分类分级缴纳排污费。对同一排污口有两种以上有害物质时,按收费额最高的一种收费。收费标准按省排污费征收暂行标准执行。排污单位缴纳排污费后,并不免除其应承担的治理污染和赔偿损害等责任。

二、排污单位应当如实地向环保部门申报、登记排放污染物的成分、浓度和数量。环保部门要分期分批进行监测,并根据监测数据,按收费标准确定排污单位缴费金额,向排污单位填发“征收排污费通知单”,同时抄送有关部门,按季(月)征收。主管部门应督促排污单位按时缴纳。排污单位接到通知后,应在20天内向当地银行或信用社缴纳排污费。逾期末缴的,每天增收滞纳金千分之一。滞纳金支出,按省财政厅(82)财予字314号通知规定执行。排污单位如对监测数据有争议,以上一级环保部门监测数据为准。

三、凡有下列情形之一者,要加倍增收排污费:

1.一九八四年七月一日起,凡新建、扩建、改建项目没有执行“三同时”的,除加倍收费外,情节严重者给予必要的罚款;

2.为逃避收费、用稀释方法降低排放浓度或采取其他欺骗行为者;

3.已有治理设施而闲置不用,损坏后不加修复或擅自拆除者;

4.国家或地方有限期治理要求,到期无故不治者。

四、对缴纳排污费后仍然达不到排放标准的排污单位,从开征第三年起,每年提高征收标准百分之五。

五、排污单位经过治理已达到标准，或者排污量和污染物浓度显著减少、降低的，可向环保部门申请，经监测核实，可停止或减少收费。减少或停止收费后排放的污染物又增加或超标的，仍应恢复收费。

排放单位因各种原因停止排污，连续半月以上的，可向环保部门申报，经核实后，停止排污期间免收排污费。

六、征收的排污费，作为环境保护补助资金使用，纳入县地方财政。使用时，由环保部门与财政部门共同审定拨给。

1.环境保护补助资金，主要用于补助重点排污单位治理污染源以及环境污染的综合性治理措施。排污单位采取治理措施时，应当首先利用本单位自有财力进行，如确有不足，在一般不高于其所缴纳排污费的百分之八十的范围内，可报经主管部门审查汇总，报环保部门、财政部门审批后予以补助。补助资金由建设银行监督拨款。

2.环境保护补助资金的百分之十，可用于环保部门监测仪器设备等方面的专项支出。财政部门应按有关规定监督使用。

3.环境保护补助资金用于综合性治理部分，是指区域性的污染治理，或指能够减少多个污染源(点)的治理项目。

征收排污费是用经济手段加强环境保护的一项有效措施，牵涉面大，政策性强，各有关部门应加强领导，密切配合，协同做好工作。排污费征收的具体实施由县环境保护办公室负责进行。

平湖县人民政府

一九八四年六月十八日

关于转发省人民政府浙政〔1985〕36号文件的通知

平政〔1985〕73号

各乡镇人民政府,县政府有关部门,县属工业企业:

现将省政府浙政〔85〕36号《关于颁布〈浙江省开发建设项目环境保护管理暂行办法〉的通知》转发给你们,望组织有关人员认真学习,贯彻执行。

环境是人类赖以生存的物质基础,保护环境是我国的一项基本国策。目前,我县环境污染相当严重,老企业的污染治理进展缓慢,新的污染源还在不断产生。为了切实加强我县环境管理工作,严格控制新污染源的产生和加快对老企业污染源的治理进度,要求各有关部门和单位认真贯彻执行好省政府浙政〔85〕36号文件,各司其职,切实把好建设项目环境保护关。根据我县具体情况,除建筑业、运输业、服装业外,凡新建、扩建、改建和技改项目(包括全民、集体、乡镇、校办、街道、联户、个体办)都必须严格执行环境保护"三同时"规定,促使我县经济建设、城乡建设、环境建设同步发展,做到经济效益、社会效益和环境效益的统一。

平湖县人民政府

一九八五年六月四日

关于颁布《浙江省开发建设项目环境保护管理暂行办法》的通知

浙政〔1985〕36号

各市、县人民政府,各地区行政公署,省政府直属各单位:

为了加强环境保护管理工作,严格控制新污染源的产生,根据《中华人民共和国环境保护法(试行)》和国务院有关规定,结合我省实际情况,拟订了《浙江省开发建设项目环境保护管理暂行办法》,现予颁布,望遵照执行。

浙江省人民政府

一九八五年四月二十七日

浙江省开发建设项目环境保护管理暂行办法

保护环境是我国的一项基本国策。为了加强对开发建设项目(包括全民、集体、乡镇、街道办的新建、扩建、改建项目和技术改造项目,下同)的环境管理,切实控制新污染源的产生,使经济建设和环境保护协调发展,达到经济效益、社会效益和环境效益的统一,特根据《环境保护法(试行)》和国家有关规定,制定本办法:

第一条　建设单位及其主管部门和各级计委、经委、城乡建设和环保部门都要对开发建设项目的环境保护负责,共同把好建设项目的环境保护关。

第二条　建设项目的确定和选址,必须服从城市和乡镇总体规划,充分注意布局的合理性,不致于对周围环境有不良的影响。

建设项目的选址,要有环境保护部门参加。

第三条　在生活居住区、水源保护区、风景游览区、名胜古迹、温泉、疗养区和自然保护区等地区,不准建设污染和破坏环境的工程或设施。

第四条　建设项目要采用资源利用率高、污染排放量少的工艺技术、设备,无毒或低毒害的原材料,要选用经济技术合理的废弃物综合利用技术和污染物处理技术。

建设项目与老污染源有关联的,要一并治理新老污染源,统一设计环保工程设施。建设项目排放的污染物,必须符合国家和省规定的排放标准。

第五条　所有新建项目都必须在编制可行性研究报告时,附有环境影响评价篇章。可行性研究报告的审查会议,须有环境保护部门参加,并提前将可行性研究报告文件送环保部门。

第六条　对有污染的大、中型建设项目,必须编制环境影响报告书,小型项目应填报环境影响表,由项目主管单位签署审查意见,送环境保护部门审批。

第七条　建设项目环境影响报告书(表)的审批权限:大、中型项目除国家规定者外,均由省环境保护局审批,报国家环境保护局备案;其他建设项目由项目所在地环境保护部门审批,报上级环境保护部门备案。

上级环保部门对下级环保部门上报备案的环境影响报告书(表)及审批意见,有权在一个月内重新审查或责成下级环保部门重新审查,并以重新审查的意见为准。

第八条　建设项目的环保工程设施方案,须经环保部门审查同意。未经环保部门审查同意的,城建部门不予规划定点,不发建设用地许可证和建设许可证,农业部门不批准土地,银行不予贷款。

凡排污口设置在运河、渠道、水库等水利工程内的,应经过有关水利工程管理部门同意;接入城市排污干管的,应经城建部门同意。

第九条　建设项目的环保工程设施,必须根据批准的环境影响报告书(表)进行设计。建设项目的初步设计审查会议,须有环境保护部门参加,并提前将初步设计文件送环境保护部门。各级计委、经委和主管部门在审批建设项目的初步设计时,应包括环境保护部门的审查意见,严格把好“三同时”关。

第十条　建设项目中环保工程设施所需的资金、材料和设备,必须列入项目总概算,从计划上安排落实,不得留下缺口。

第十一条　承担建设项目的设计单位,要对环境保护负责。环保工程设施必须与主体工程同时设计。否则,要追究设计部门的责任并给以必要的经济处罚。

第十二条　建设单位应按设计要求组织环保工程设施的施工,并接受环境保护部门的监督检查。

第十三条　建设项目主体工程竣工，环保工程设施未同时竣工的,不得试生产。建设项目竣工验收,须有环境保护部门参加。

第十四条　未经环保部门验收合格的新建项目,工商行政管理部门不发给营业执照。验收合格的建设项目,要向当地环境保护部门申报登记拥有的污染物排放设施、处理设施和在正常作业条件下排放污染物的种类、数量和浓度,并提供防治污染方面的有关技术资料。其中大、中型项目,必须填报国家统计局(83)统社字 180 号文规定的《统环年 5 表》。

第十五条　建设项目不执行“三同时”或环保工程设施未经验收合格,擅自生产或强行投产的,经调查核实,处以一万元至二十万元的补偿性罚款,并加两倍以上征收排污费;造成污染的,要负责赔偿损失;污染严重的,要立即停产。同时追究建设单位领导和批准投产者的责任,并给以经济处罚,直至追究法律责任。

补偿性罚款和赔偿费应由企业在留利中开支,不得列入企业成本和营业外支出。

补偿性罚款,作为环境保护补助资金,专款专用。

第十六条　各市、县人民政府可结合本地的实际情况,制订具体的管理措施。

第十七条　本办法自一九八五年七月一日起试行。

关于创建县城烟尘控制区的通知

平政〔1988〕62号

各乡镇人民政府、县府各部门、县属企事业单位：

创建县城烟尘控制区是政府为民办实事的内容之一，对于改善城关镇大气环境质量，保护生活、生态环境，降低燃料消耗具有重要意义。我县经二年多的探索和实践，积累了一定的工作经验，为县城烟尘控制区的建设打下了良好基础。到目前为止，工业锅炉、生活锅炉的治理分别已达71%和72%，工业窑炉治理率为22%，生活煤灶治理率为15%。根据市府关于在1988年内各县城都要实现烟尘控制区的要求，我县计划今年在城关镇创建第一个烟尘控制区，主要是对各种锅炉、窑炉、茶炉、营业灶和食堂大灶（简称“炉窑灶”）排放的烟色黑度和各种炉窑、工业设施排放的烟尘浓度进行定量控制，使其达到规定的标准，面临的任务还相当艰巨。为如期实现这一目标，现根据《中华人民共和国大气污染防治法》、国务院《城市烟尘控制区管理办法》，以及《嘉兴市消烟除尘暂行管理条例》，结合我县实际，通知如下：

一、加强组织领导

为使县城烟尘控制区建设工作有组织、有领导地顺利进行，县府将成立“平湖县创建烟尘控制区领导小组”，下设办公室具体指导和协调此项工作。任务较重的工业、二轻、商业、乡镇企业局等也应成立相应的组织，配备专门人员具体抓好烟尘治理工作。其余各主管局（公司）也应确定一名领导分管，并落实一位同志具体负责。各有烟尘治理任务的单位也应切实加强领导，务必做到组织落实、人员落实、治理方案落实、治理资金落实。各部门各单位创建县城烟尘控制区工作的组织领导和具体人员名单，请在5月10日前报县烟尘控制区领导小组办公室。

二、有关部门要各司其职，密切配合

创建烟尘控制区涉及面广、工作量大、综合性强，城建环保、计经委、劳动局、财税局、总工会、燃料公司等部门和单位要根据烟尘控制区实施计划，组织力量，主动配合，各司其职。

环保部门要加强监督、管理和监测工作，寓管理于服务之中，积极做好有关技术咨询，及时提供信息和成功经验；

计经委能源科和燃料公司，要精心做好煤种搭配，对已改炉、窑、灶优先供应好煤，不能因煤种关系而影响消烟除尘效果；

劳动部门要严格把关，杜绝消烟除尘不合格的新、旧锅炉流入县城。积极做好旧锅炉更新改造，淘汰落后的正烧燃煤方式。在司炉工技术培训中，要与环保部门取得联系，增加有关消烟除尘的内容；

总工会技协在消烟除尘工作中，要充分发挥会员的技术特长，作好技术服务，要求组织一支炉灶维修队伍，及时排除炉、窑、灶消烟除尘中发现的故障，解除一些机修力量差的单位的后顾之忧。

三、时间要求

1988 年 12 月，市府安排验收我县县城烟尘控制区。为按期顺利通过市府验收，各有关单位必须在 10 月底(最迟不超过 11 月)完成烟尘治理任务，11 月底前通过县“烟尘控制区领导小组”的验收。县级验收采取搞好一家，验收一家的方式进行，被验收单位必须提前 15 天递交验收申请报告，经验收合格后，发给市环保局烟尘治理《合格证书》。

四、经费来源

遵循“谁污染，谁治理”的原则，治理资金自行解决。工业企业从更新改造资金中列支。一些微利的服务性行业和机关、事业单位的经费来源，应广开资金渠道，节约费用，挖掘改造资金潜力。如确有较大困难的单位，其主管局(公司)应予以适当补助或向县环保部门申请给予低息贷款或酌情补助。

五、奖惩措施

为鼓励先进、鞭策后进、不断巩固和提高县城烟尘控制区质量,根据有关规定,采取如下措施。

1.对在创建烟尘控制区方面有下列事迹之一的单位和个人,给予表彰或奖励:

(1)积极采取有效措施,消烟除尘取得显著成绩者;

(2)为治理污染,进行技术革新或科学研究取得较大成果者;

(3)对污染治理提出改进意见并积极协助搞好治理者。

2.对不能按期完成消烟除尘任务的单位和个人,环保部门要视其情节轻重,分别给予警告、通报批评、加倍征收排污费、罚款、封炉(停止供煤)等处罚。

3.根据县府〔87〕107号文件精神,对目前烟尘、烟色还没有达到排放标准而又治理不力的单位,从1988年7月份开始,由环保部门一律按未完成限期治理任务情形处理,加倍征收超标排污费。

4.已取得消烟除尘合格证书的单位,如再次发生烟尘、烟色超标排放现象的,或治理设施闲置不用,以及损坏未及时修复的,每发现一次罚款一次。如超过5次,则收回合格证书,并加重处罚,直至封炉。

5.凡排放烟尘不符合排放标准又不积极治理的单位,不得被评为先进文明单位。

平湖县人民政府

一九八八年四月二十九日

关于成立平湖县环境保护委员会的通知

平政〔1989〕111 号

各乡镇人民政府,县府各部门,县属各单位:

为进一步贯彻落实环境保护基本国策,切实加强对全县环保工作的领导,根据上级有关指示精神,经研究,决定成立平湖县环境保护委员会。委员会的主要任务是:贯彻国家环境保护工作的方针、政策和措施,组织协调、检查和推动全县环境保护工作。委员会组成人员如下:

主　任:陆林根

副主任:施振泉、阮立强、田锦梅、叶伯诚

委　员:鲁韵玉、吴建元、吴佩成、宁　云、林瑞昌、唐浩然、张其生、凌兆华、胡星琦、程天声、王　复、钟志鸿、凌浙鹃、闵寿鹏、徐高元、丁兆铭、任纪贤、汤桂初、潘伟群

县环境保护委员会下设办公室,办公室主任叶伯诚(兼),副主任潘伟群(兼),日常工作由县环境保护办公室负责。

平湖县人民政府

一九八九年九月九日

关于印发《平湖市建设项目环境保护管理办法》的通知

平政办发〔1997〕26 号

各乡镇人民政府,市府各部门,市属各单位:

《平湖市建设项目环境保护管理办法》已经市政府研究同意,现印发给

你们,请认真贯彻执行。

平湖市人民政府办公室

一九九七年二月二十七日

平湖市建设项目环境保护管理办法

第一条　为了切实加强建设项目的环境保护管理,有效控制新污染源的产生,保护和改善我市环境质量,根据《中华人民共和国环境保护法》《国务院关于环境保护若干问题的决定》和国务院三部委颁发的《建设项目环境保护管理办法》,按照《平湖市关于进一步加强环境保护工作的决定》(平政发〔96〕171号)的要求,制定本办法。

第二条　本办法适用于平湖市境内的工业、交通、水利、农林、商业、文卫、科研、旅游、市政等基本建设项目、技术改造项目及区域开发建设项目(以下简称“建设项目”)。

第三条　市环境保护局是市人民政府的环保行政主管部门,对建设项目的环境保护实施统一监督管理,对建设项目环境影响评价审批、环境保护设施“三同时”的审查和验收负全部责任。

市计划、土管、工商、城建、银行等部门要按照各自的职责,协助环保部门严把建设项目立项审批、登记、规划、用地、设计、贷款和竣工验收关,协同做好本办法的实施工作。

第四条　在我市境内的中外合资、中外合作、外商独资建设项目,在认真执行国务院关于加强对外经济开放地区环境管理有关规定的同时,也应执行本办法。

第五条　建设项目要提高技术起点,采用能耗物耗小、污染物产生量少的清洁生产工艺,严禁采用国家明令禁止的设备和工艺。

第六条 建设项目必须经环保部门审查,经审查认定对环境有影响的建设项目必须执行环境影响报告书(表)的审批制度,执行防治污染及其他公害的设施与主体工程同时设计、同时施工、同时投产使用的“三同时”制度。

在建设项目总投资中,必须确保有关环境保护设施的投资。

项目建成后,其污染物的排放必须稳定达到国家或地方规定的排放标准。

第七条 要把环境容量作为建设项目环境影响评价的重要依据,实行总量控制,技改、扩建项目的环保措施要“以新带老”,达到“增产不增污”。

在编制环境影响评价报告时,必须把建设地点周围单位、居民的意见作为重要依据,体现“公众参与”原则。

第八条 建设单位在编制建设项目的可行性报告过程中,必须向市环保局递交项目生产的主要产品名称、生产工艺、生产规模、“三废”排放、原辅材料以及建设地点等情况,经审查后,由市环保局按建设项目对环境的影响,分基本无环境污染和有环境污染两类,分别出具“建设项目环境保护审查意见”。建设项目属基本无环境污染的,项目审批机关可凭环保部门出具的“建设项目环境保护审查意见”办理项目批准手续,有关部门方可办理有关手续。

第九条 经市环保局审查,建设项目属有环境污染的,应严格执行国家规定的建设项目环境保护管理办法,具体操作程序为:

1. 市环保局根据建设项目的环境污染状况及污染控制要求,提出环保审查意见。经审查同意建设的,审查意见可以作为项目立项的环保依据。

2. 建设单位根据审查意见需委托具有建设项目环境影响评价资格的单位对建设项目进行环境影响评价,作出环境影响评价报告书或报告表,并由建设单位送交其主管部门初审,提出初审意见后交市环保局审批。

3.市环保局根据建设项目环境影响评价结论和主管部门初审意见,按建设项目总投资和环保分级审批规定,对环境影响报告书(表)作出批复或审查后转报上级环保部门审批,批复意见以文件或“建设项目环境影响报告表审批意见书”形式批复。

对污染治理设施与主体“三同时”制度的建设项目,按平政〔96〕171号文件的规定,在环评书(表)批复之前,建设单位须向环保局缴纳“三同时”保证金。

4.建设项目审批机关根据市环保局对该项目环境影响评价报告书(表)的审批意见,办理项目审批手续。

第十条 各有关部门在办理工商登记、土地征用、设计审查、电力增容、银行贷款等手续时,要严格审查,对符合上述建设项目环保审批要求的方可办理有关手续。

行政监察部门要依照本部门职责和有关规定,对环境保护行政主管部门等有关部门贯彻执行环境保护法规的工作情况进行监察,并就发现的问题提出相应监察建议和处理意见。

第十一条 建设项目的主管部门负责建设项目的环境影响报告书(表)、环境保护设施竣工验收的预审,监督建设项目设计与施工中环境保护措施的落实,监督项目竣工后环境保护设施的正常运转。建设单位负责提出环境影响报告书(表),落实初步设计中的环境保护措施,负责项目竣工后污染防治设施的正常运转。

第十二条 凡引进对环境有影响的建设项目,有关部门在签订经济合同时必须遵守环境保护规定,合同中不得有违反国家和地方环境保护法规和环境公益的内容。

第十三条 承担建设项目环境影响评价工作的单位,必须持有《建设项目环境影响评价资格证书》,在规定的范围内开展环境影响评价工作,并对作出的评价结论负责。

第十四条 建设项目的初步设计必须有环境保护篇章。其内容包括:环境保护措施的设计依据;环评报告及审批规定的要求和措施;防治污染的处理工艺流程、预期效果;对资源开发引起的生态变化所采取的防范措施;绿化设计、监测手段、环境保护投资的概预算等。

第十五条 建设项目在施工过程中,施工单位应当保护施工现场周围的环境,防止对周围自然环境造成破坏,防止和减轻粉尘、噪声、振动等对周围生活居住区的污染和危害。建设项目竣工后,施工单位应当修复建设过程中受到破坏的环境。

第十六条 建设项目在试运行期间,建设单位应当委托市环境监测站,对建设项目排污情况及清洁生产工艺和环保设施运行效果进行监测。试运行期不超过一年。

第十七条 建设项目在正式投产前,建设单位必须向市环保局递交“环境保护设施竣工验收申请报告”说明环保设施运行的情况、治理的效果、达到的标准。经验收合格后,建设项目方可投入生产或使用。

第十八条 市环境保护局自接到环境影响报告、竣工验收报告之日起,必须在一个月内予以批复或签署意见上报。逾期不复,可视上报方案已被确认。

第十九条 建设项目环境影响报告未经市环保局审批、审查而擅自施工或投产使用的建设项目,除责令其停止施工、补办审批手续外,对建设单位及其负责人按有关法律、法规规定予以处罚。

建设项目的环境保护设施未经验收或验收不合格而强行投入生产或使用的,按有关规定处罚,并追究单位领导和有关人员的责任。

对验收时达标,但投入生产或使用后不能稳定达到国家或地方规定的污染物排放标准的建设项目,由市环保局责令其停止超标排放污染物,同时报请市人民政府责令其停产整顿。

第二十条　本办法由平湖市环境保护局负责解释。本办法自公布之日起施行。

关于创建国家级生态示范区的决定

平委发〔2001〕1号

各乡镇党委、人民政府、市级机关各部门,市属各单位:

生态环境是人类生存、繁衍和发展的基本条件。加强环境保护,改善生态环境质量,实施可持续发展战略,是实现现代化的必然选择。我市作为沿海发达地区,要率先基本实现现代化,必须正确处理好经济发展与生态环境保护的关系。我市的生态建设,经过近十几年的努力,已经取得了一些成效。2000年,国家环保总局批准我市列入全国生态示范区建设试点地区,省政府也将我市建设国家级生态示范区列为《浙江省生态环境建设规划》重点工程项目之一。为了切实推进我市经济社会全面进步和人民群众生活质量的提高,市委、市政府决定,从2001年起按照《平湖市生态示范区建设规划》,全面开展生态示范区建设,努力创建国家级生态示范区。

一、统一思想,进一步认识创建生态示范区的重要意义

创建生态示范区是实现经济社会环境持续协调发展的必然要求。我市素有“金平湖”美称,是典型的江南鱼米之乡,但随着经济的快速发展,环境污染问题日益突出,已对全市经济、社会持续协调发展产生了严重的制约作用。创建生态示范区,有利于生态资源的合理开发和利用,减少污染源的产生,实行污染源综合治理;有利于加强生态环境的保护和建设,解除对生态环境的压力和破坏,从根本上改善生态环境质量,为经济的健康发展和社会的全面进步创造条件,最终实现经济社会可持续发展。

创建生态示范区是实现农业和农村现代化的必由之路。率先基本实现现代化,农业和农村现代化是基础。要实现农业和农村现代化,生态环境的改善是前提。创建生态示范区,可以从根本上改善农业生产条件,强化农业基础设施,提高农业抗御自然风险能力;可以减少农业发展的资源约束,增加农业经济效益,加快农业现代化步伐;可以改善农村居住环境,提高农村居民生活质量,为实现农业和农村现代化奠定基础。

创建生态示范区是开展争创省级文明城市活动的重要内容。市委、市政府提出,"十五"期间,要把我市加快建设成为外向为主的经济强市、江南水乡的文化名城和观光休闲的旅游胜地,向港口型现代化中等城市迈进。经济强市、文化名城和旅游胜地是一个整体,如果缺少生态环境建设,这个目标就没有支撑,就难以实现。同时,根据嘉兴市委统一部署,我市到2003年要达到省级文明城市要求。创建省级文明城市,一个重要内容就是加强城市环境建设,着力改善城市环境质量,提高城市文明程度。创建生态示范区,将进一步强化城市环境综合整治,极大地完善城市功能,美化城市形象,提升城市品位。同时,通过创建生态示范区,将进一步提高广大市民爱护和保护环境的自觉性,倡导良好、文明的社会风尚,从而推动两个文明建设的全面进步。

二、突出重点,进一步明确创建生态示范区的指导思想和目标任务

《平湖市生态示范区建设规划》已通过省环保局组织的专家评审,并经市人大常委会审议通过。根据《规划》,我市建设生态示范区的指导思想是:以经济建设为中心,以保护和改善生态环境质量,促进经济社会可持续发展为目标,紧紧围绕重点生态环境问题,统一规划,分类指导,分步推进,加大投入,加快污染治理,严格控制新污染源(点)的产生,加强环境保护,逐步实现经济发展与生态保护相协调,把我市建设成为碧水绿地蓝天、生态环境优美、经济发展迅速、人民富裕安康、社会全面进步的现代化金平湖。

根据《规划》要求，到2005年，将我市初步建成一个高产、优质、低耗的生产系统和一个高效、稳定、合理，符合可持续发展基本要求的生态环境系统，从物质和精神两方面提高城乡居民的生活质量，达到国家生态示范区建设验收标准。工作重点是：加强工业污染源的长效管理，巩固“一控双达标”工作成果，实现工业污染源排放达标率100%；加强农业污染的防治，实现畜禽粪便处理率100%、资源化率40%；加强城镇绿化建设，建成符合生态示范区要求的城镇绿地，城镇人均公共绿地面积达到11平方米；加强环境综合整治，特别是生活污染的治理和河道清淤，力争水环境质量达到三类水质标准。远期，通过巩固、完善、提高生态建设和保护，基本建立起适应现代化和可持续发展要求的良性生态环境系统。

三、落实措施，进一步推动创建生态示范区各项工作的顺利开展

创建生态示范区，是一项庞大和复杂的系统工程，也是一项造福于民的“民心工程”“德政工程”和“生命工程”。为此，必须采取切实有效的措施，狠抓落实，确保各项任务顺利完成。

(一)切实加强领导。各乡镇、各部门要把生态示范区建设摆上重要议事日程，做到上下联动，形成合力。市生态示范区建设领导小组作为此项工作的领导机构，负责协调各项建设项目实施过程中的领导、组织和决策。各乡镇也要建立相应的组织机构，具体负责本乡镇生态规划的各项建设任务。要把创建生态示范区纳入政府环保目标责任制考核内容和干部年度考核目标。

(二)切实抓好规划实施。要严格按照《平湖市生态示范区建设规划》，进一步完善各项专业规划。各乡镇、各部门要在《规划》的指导下，按照规划要求，结合本乡镇、本部门实际，制订具体目标任务，并把目标任务进一步量化、细化，有计划、有步骤地组织实施，分年度抓好落实，扎实推进生态示范区建设。同时，要加大宣传力度，通过各种途径，广泛宣传生态示范区建设规划及其实施的重要意义，提高全社会生态环境意识，引导广大人民群

众自觉参与生态示范区建设。

(三)切实加大投入力度。要建立和完善投融资机制,坚持“谁开发谁保护、谁破坏谁恢复、谁污染谁治理、谁使用谁付费”的原则,采取多层次、多渠道、多形式的筹资方法,加大生态示范区建设资金的筹措力度。“十五”期间,全市每年用于生态示范区建设资金不少于全市国内生产总值的2%。各乡镇要每年从地方财政中安排一定比例用于生态示范区建设。各部门、各单位要充分发挥各自优势,积极向上争取资金,多渠道申请项目贷款。要加强横向联合,积极引进国内外资金。要积极探索市场化、产业化的生态示范区建设、管理、运作新路子,鼓励社会力量参与建设。

中共平湖市委
平湖市人民政府
2001年1月3日

平湖市人民政府令

第5号

《平湖市城市烟尘污染防治管理办法》已经市第十一届政府第三十五次常务会议讨论通过,现予发布,自发布之日起施行。

市长　万亚伟
二〇〇一年六月一日

平湖市城市烟尘污染防治管理办法

第一条　为防治烟尘污染,实现国家级生态示范区建设目标,保护和改善生活环境和生态环境,保障人体健康,促进经济和社会的可持续发展,根据《中华人民共和国大气污染防治法》、《中华人民共和国大气污染防治法实施细则》、国务院环境保护委员会《城市烟尘控制区管理办法》等有关法律法规,结合本市实际,制定本办法。

第二条　本办法适用于当湖镇、乍浦镇的建成区和平湖经济开发区(以下简称"两镇一区")的烟尘污染防治管理。

第三条　凡在"两镇一区"内设有各种锅炉、窑炉、茶炉、营业灶和食堂大灶(以下简称"炉窑灶")的单位和个人,均须遵守本办法。

第四条　任何单位和个人都有防治烟尘污染、保护大气环境的义务,并有权对造成烟尘污染的单位和个人进行检举和控告。

第五条　市环境保护局对烟尘污染防治实施统一监督管理。市计划与经济、建设、劳动、质量技术监督、工商等部门应根据各自的职责,配合做好烟尘防治工作。

第六条　鼓励烟尘污染防治的科学技术研究,推广先进适用的烟尘污染防治技术;鼓励和支持社会力量参与建设集中供热设施、天然气管道工程,以及开发、利用太阳能等清洁能源。炉、窑、灶用煤一律采用清洁煤,并推广使用轻柴油、天然气、液化石油气等清洁、新型能源。

第七条　"两镇一区"范围内烟尘控制管理实行排污申报登记注册证制度。向大气排放烟尘污染物的单位和个人,必须按规定向市环境保护局申报拥有的污染物排放设施、处理设施和正常作业条件下排放污染物的种类、数量、浓度,并提供防治烟尘污染方面的有关技术资料。

烟尘污染物处理设施必须保持正常使用,拆除或者闲置烟尘污染物处理设施的,必须事先报经市环境保护局批准。

第八条 “两镇一区”内的所有炉、窑、灶,必须采取国家推广炉型,与其配套的除尘设备应取得国家环保产品的认定(认可)证书,并制定严格的操作规程,加强操作管理,其污染物排放浓度不得超过国家和省规定的排放标准。

第九条 新建、扩建、改建向大气排放烟尘污染物的项目,必须遵守国家有关建设项目环境保护管理的规定。

建设项目的环境影响报告书(报告表、登记表),必须对建设项目可能产生的烟尘污染和对生态环境的影响作出评价或说明,规定防治措施,并按照规定的程序报环保部门审批。建设项目投入生产或者使用之前,其烟尘污染防治设施必须经过环保部门验收,达不到国家有关建设项目环境保护管理规定要求的建设项目,不得投入生产或者使用。

第十条 新增、改造锅炉的单位和个人,须报市环保、劳动和消防部门共同审批同意,并取得《排污申报登记注册证》和《锅炉使用登记证》后,方可投入使用。

第十一条 环境监测机构对“两镇一区”内的炉、窑、灶排放的烟尘、烟色实行年度监测和不定期抽测,同时测试除尘效率,测试结果作为《排污申报登记注册证》年检验审的依据。

第十二条 “两镇一区”内的炉、窑、灶禁止使用高硫份、高灰份的燃煤,使用的低硫份、低灰份清洁煤必须经市环境监测机构检测认定。经营清洁煤的单位和个人须报市环境保护局备案,并如实向燃煤使用单位和个人提供其燃煤的质量指标。

第十三条 在“两镇一区”内不得新增蒸发量在1吨/小时以下(含1吨/小时)的燃煤锅炉;2002年1月1日起禁止使用柴、砻糠、秸秆等生物质燃料;2002年12月31日前分期分批淘汰现有的用于饮食服务业包括各单位和个人食堂的蒸发量在1吨/小时以下(含1吨/小时)的燃煤锅炉和散煤灶。

市政府规划建设的城市集中供热管网或天然气管道工程覆盖的地区，在工程项目开始建设后停止该地区燃煤供热锅炉的审批，已有各类燃煤供热锅炉视集中供热设施或天然气管道工程的建设进程逐步予以淘汰。

第十四条　采用湿式除尘的炉、窑、灶，其排放的废水应进行处理，达到国家规定的排放标准，不得造成两次污染。

因燃烧器械故障或除尘设施破损致使烟尘污染物排放浓度超标的，应采取措施及时修复，同时报市环境保护局。

第十五条　在“两镇一区”内，禁止焚烧沥青、油毡、橡胶、塑料、皮革、服装箱包边角料、垃圾以及其他产生有毒有害烟尘和恶臭气体的物质(采用专用焚烧设施的除外)。

第十六条　拒报或者谎报有关污染物排放申报事项的；拒绝环保部门现场检查或者在被检查时弄虚作假的；故意不正常使用烟尘污染处理设施，或者未经环保部门批准，擅自拆除、闲置烟尘污染物处理设施的，由市环境保护局依照《中华人民共和国大气污染防治法》第四十六条责令停止违法行为，限期整改，给予警告或者处以五万元以下罚款。

第十七条　建设项目烟尘污染防治设施没有建成或者没有达到国家有关建设项目环境保护管理规定的要求，投入生产或者使用的，由审批该项目环境影响报告书的环保部门依照《中华人民共和国大气污染防治法》第四十七条责令停止生产或者使用，可以并处一万元以上十万元以下罚款。

第十八条　向大气排放污染物超过国家规定的排放标准的，应当限期治理，并由市环境保护局依照《中华人民共和国大气污染防治法》第四十八条处一万元以上十万元以下罚款。

第十九条　在城市集中供热管网或天然气工程覆盖地区新建燃煤供热锅炉的，由市环境保护局依照《中华人民共和国大气污染防治法》第五十四条责令停止违法行为或者限期改正，可以处五万元以下罚款。

第二十条 在“两镇一区”内燃用高硫份、高灰份燃煤的,或在规定期限届满后燃用柴、砻糠、秸秆等生物质燃料的,由环境保护局依照《中华人民共和国大气污染防治法》第五十一条责令拆除或者没收燃用此类高污染燃料的设施。

第二十一条 在“两镇一区”内,焚烧沥青、油毡、橡胶、塑料、皮革、服装箱包边角料、垃圾以及其他产生有毒有害烟尘和恶臭气体的物质的,由市环境保护局依照《中华人民共和国大气污染防治法》第五十七条第一款责令停止违法行为,处二万元以下罚款。

第二十二条 其他各乡镇集镇、工业小区,以及交通主干道两侧各1公里范围内可根据各地实际参照本办法执行

第二十三条 本办法由市环境保护局负责解释。

第二十四条 本办法自发布之日起施行。

平湖市人民政府关于印发《平湖生态市建设规划》的通知

平政发〔2004〕155号

各镇人民政府、街道办事处,市府各部门,市属各单位:

为全面贯彻落实科学发展观,加快生态经济建设,促进人与自然的和谐,根据省委、省政府关于生态省建设的具体部署,立足我市实际,在国家级生态示范区建设的基础上,围绕把平湖市建设成为“外向为主的经济强市、江南水乡的文化名城和休闲度假的旅游胜地”为一体的现代化生态城市目标,经过充分调研,编制了《平湖生态市建设规划》。

《平湖生态市建设规划》已于8月7日通过了嘉兴市生态办组织的专家论证,并经市第十二届政府第十五次常务会议讨论通过,市第十二届人大常委会第十四次会议审议批准,现予以印发。

全市各级各部门各单位要进一步统一思想,提高认识,精心组织,全力实施,切实将生态建设和环境保护贯穿于社会经济发展的全过程,为全面完成生态市建设的各项任务而努力。

平湖市人民政府

二〇〇四年十月二十一日

平湖生态市建设规划

前　言

平湖位于浙江省东北部边缘,南濒杭州湾,东邻上海市,处于长江三角洲的黄金地带,与上海、杭州、苏州相距100公里左右,与宁波隔海相望,多条高速公路在这里交汇,公路、水路交通便捷,区位优势明显。

平湖历史悠久,春秋时为越武原乡地,历来经济发达,社会繁荣,文化氛围浓郁,素有“金平湖”之称。改革开放以来,平湖的经济、社会得到了长足发展,人民生活水平显著提高,1995年经省政府考核达到小康县(市)标准。2003年,平湖在全国综合实力百强县(市)中列第31位,人均GDP已达3095美元,产业优势突出,经济实力强劲,城乡发展均衡,社会全面进步。随着我国加入世贸组织,长江三角洲经济产业集聚、产业升级和经济一体化进程加快,浙江建设“生态省”的战略调整,平湖的经济、社会发展迎来全新的机遇。

然而,平湖土地资源短缺,水环境污染严重,能源供应紧张,环境缓冲能力和支撑能力较弱。社会经济发展与资源环境的矛盾日益突出,已经影响并将制约平湖的进一步发展。平湖将通过生态市建设“促进人与自然和谐,推动社会文明发展”。

生态市建设,就是运用生态学、生态经济学和可持续发展理论的原理和系统工程的方法,引入生态经济效率的理念,以资源耗费最省、污染物排放最少的路径,谋求社会经济的最快发展。平湖生态市建设,将以“三个代表”重要思想和科学发展观为指导,以促进人与自然和谐发展为主线,以全面建设小康社会为目标,以提高人民生活水平为根本出发点;根据平湖市情,通过制度创新、科技创新和管理决策创新,建立政府引导、市场运作、公众参与的生态市建设机制;统筹社会、经济与生态环境协调发展,统筹城乡发展;突出重点,狠抓亮点,大力发展生态经济,建设人居环境,培育生态文化,改善生态环境,使平湖走上经济发展、生活富裕、生态环境良好的社会、经济、环境全面协调和可持续发展之路。

生态市建设是一项庞大的系统工程,需要根据平湖市的社会经济发展现实和资源环境的特点,统一编制一份符合生态学、生态经济学和可持续发展理论的基本原理,既有理论上的前瞻性,又有现实可操作性的生态市建设规划。生态市建设规划是国民经济和社会发展规划的完善和补充,该规划的编制和实施将有助于国民经济和社会目标的实现,有利于平湖可持续发展能力的增强,促进平湖社会经济发展与资源环境的支撑能力相协调。

本规划由平湖市人民政府编制,中国社会科学院可持续发展研究中心提供技术支持。在规划编制过程中,平湖市政府给予了高度重视,市直各部门进行了密切配合,全体编制人员付出了艰辛努力。在此,编制组对所有指导、协助和参与本规划编制工作的领导、专家、编写人员和资料收集人员致以衷心的感谢。

平湖生态市建设规划编制组

第一章　总　则

第一节　生态市建设规划的范围、期限与编制依据

平湖生态市建设规划是全市范围内生态建设的指导性文件，是推动全市经济、社会与生态环境协调发展、人与自然和谐发展、增强平湖可持续发展能力的行动指南，在全市范围内从事一切经济、社会活动应遵守本规划。

一、规划范围

本规划范围为平湖市行政辖区范围内537平方公里的陆地和1086平方公里的海域。

二、规划期限

规划期限为2004—2015年，规划基准年是2003年。规划期分两个阶段：

近期：2004—2007年，全面启动平湖生态市建设，基本达到生态市建设标准；

远期：2008—2015年，全面达到生态市建设标准，进一步提升生态建设层次。

三、规划编制的依据

1.国家环境保护总局《生态县、生态市、生态省建设指标(试行)》；

2.《全国生态环境保护纲要》；

3.《浙江生态省建设规划纲要》；

4.《嘉兴生态市建设规划》；

5.《中国21世纪议程》；

6.《国家环境保护"十五"计划》；

7.《浙江省可持续发展规划纲要》；

8.《平湖市国民经济和社会发展第十个五年计划纲要》；

9.《平湖市城市总体规划》(1998—2020)；

10.浙江生态省建设工作领导小组办公室《关于生态市、生态县(市、区)、生态镇(乡)建设与规划编制工作的指导意见》。

第二节 生态市建设的指导思想与基本原则

一、生态市建设的指导思想

以科学发展观为理论依据,以生态经济建设为中心,以促进人与自然的和谐为主线,以制度创新、科技创新和管理决策创新为动力,以建立政府引导、市场运作、公众参与的生态市建设机制为手段,按照“五个统筹”的要求,综合运用生态学、生态经济学、系统工程和可持续发展的理论和方法,优化产业布局和经济结构,推动产业升级,改变经济增长的方式,大力发展循环经济,提高生态经济效率;加强生态环境保护和建设,改善人居环境,加快城乡一体化进程,提高城乡居民收入和生活质量,培育生态文化,促进社会经济与生态环境协调发展,推动平湖市全面走上生产发展、生活富裕、生态良好的文明发展道路。

二、生态市建设的基本原则

1.坚持求真务实、与时俱进的原则;

2.坚持以人为本、统筹发展的原则;

3.坚持开拓创新、科技支撑的原则;

4.坚持突出重点、整体推进的原则;

5.坚持政府引导、市场运作和公众参与的原则。

第二章 生态市建设的现实基础

第一节 自然与社会经济概况

一、自然地理概况

平湖市位于浙江省东北部边缘,陆域面积 537 平方公里,海域面积为

1086平方公里。平湖地处北亚热带季风区，气候温和湿润，四季分明，夏季炎热多雨，冬季气温较低、空气干燥，年平均气温15.7℃，无霜期225天，降雨量为1205.7毫米。平湖市土壤母质为河湖、浅海沉积物，共分为水稻土、潮土、滨海盐土、红壤土等4个土类17个土属40个土种。平湖市河道大多为天然河沟型河道，属太湖水系，受黄埔江周期性潮汐顶托，境内诸河均有不同程度的感潮性。平湖市域河流纵横、水网密布，全市河道总长2525.7公里，每平方公里河网密度为4.7公里，河湖塘面积合计71.7平方公里，占土地总面积的13.23%。

二、资源与环境概况

1.资源概况

土地资源：根据2003年土地详查资料，平湖市共有土地面积55224.86公顷(不包括海岛面积)。

水资源：平湖市地处杭嘉湖平原水网地区，为典型江南水乡，但水资源并不丰富。多年平均地产总水量约2亿多立方米，人均水资源占有量522.4立方米，为全省人均水资源占有量的四分之一。

矿产资源：全市矿产资源较少，且品种单一，目前已知的有开采价值的矿产资源仅有建筑石料和砖瓦粘土两种。

森林资源：平湖市绝大部分为平原，山地面积小，且均属低丘，天然植被已被次生或人工植被所代替。2003年，全市林业用地总面积为37763亩。

旅游资源：根据《旅游资源普查分析报告》，平湖市拥有门类齐全的8类旅游资源，有23个亚类53个基本类型171个单体。其中优良级(三级以上)的旅游资源单体38个，占单体总数的22.2%，三级以下旅游资源单体133个，占单体总数的77.8%。旅游资源较为丰富，但总体品质不高。

海洋资源：平湖市濒海而立，海洋资源比较丰富，包括港口资源、渔业资源、海洋能源资源、岛礁资源和其他海洋资源。

2.生态环境状况

水环境状况：平湖市地表水(主要是河道)水质呈有机污染和一定的富营养化趋势,七个水域的水质均劣于Ⅴ类,水污染相当严重。

大气环境状况：当湖街道建成区环境质量基本良好,符合国家二级空气质量标准。

声环境状况：市区总体声环境质量状况较好,区域环境噪声平均等效声级为55.8分贝,交通噪声为67.3分贝,均达到国家标准的控制要求。

森林生态系统状况：平湖市境内森林类型多样,树种资源丰富,但森林资源储备总量相对不足,林地面积少,森林覆盖率偏低;经济林业仍然偏少,生态公益林建设缓慢,城市绿化水平有待进一步提高。

生物多样性：平湖市野生动植物种类繁多,物种资源较为丰富。现有野生植物1000多种，列入国家保护的有41科213种；野生动物6大类1661种,列入国家二级保护的有9种。

自然灾害：平湖市主要自然灾害有台风、雨涝渍害和低温冷害等。其中洪涝灾害尤为突出,近来有频率增加趋势。

生态环境质量综合评价：根据国家环保总局南京环境科学研究所提供的生态环境质量考核指标体系，平湖生态质量综合评价结果为91.27分,仅占总分146分的62.5%,仅属于及格水平。平湖市生态环境面临的主要问题是土地和水资源严重短缺。由于地下水过度开采,地表水体污染较重,以及太湖流域治理后水体流向变化等因素,已造成河床抬高、地面明显下沉等现象,洪涝灾害呈加重趋势。

3.社会经济概况

历史沿革与行政区划：平湖市历史悠久,5000年前已有人类在此生息,春秋时为越武原乡地。1983年7月,撤销嘉兴地区,实行市管县体制,平湖县属嘉兴市。1991年6月撤县设市,1999年乡镇行政区划调整为9镇1乡49个居民委员会138个村民委员会。2004年5月,平湖市对部分行政区划进一步优化调整，撤销当湖镇、钟埭镇、曹桥乡建制，调整林埭镇行政区划，设立当湖、钟埭、曹桥三个街道。现平湖市辖当湖、钟埭、曹桥三个街道和乍浦、新埭、新仓、黄姑、全塘、广陈、林埭7镇。

人口与劳动力：2003年末，全市总人口为483569人，其中男性239292人，女性244277人。全市人口密度为每平方公里900人，人口自然增长率为-0.4‰。2003年末，全市乡镇农村劳动力总数为220624人，其中从事第一产业人数为49873人，占22.6%，第二产业139884人，占63.4%，第三产业30867人，占14.0%。

国民经济概况：2003年，全市实现地区生产总值123.73亿元，较上年增长16.6%，其中第一产业9.28亿元，增长4.9%，第二产业77.30亿元，增长19.9%，第三产业37.15亿元，增长13.1%，国内生产总值三次产业结构为7.5:62.5:30.0，全市人均地区生产总值达到25597元。

社会发展状况：改革开放以来，平湖市各项社会事业发展迅猛，城市化水平不断提高，交通、水利、城市供水供热等基础设施逐步完善，教育、文化、卫生事业取得了显著的进展。同时，平湖市的城乡发展比较均衡，社会保障体系正逐步覆盖农村地区。1995年，平湖市经省政府考核达到小康县标准，2003年顺利通过省级文明城市和国家级生态示范区创建验收。

第二节　生态市建设的优势与制约因素

一、优势

1.区位优势

平湖位于长江三角洲的黄金三角地带，与上海、杭州、苏州相距100公里左右，南与宁波市隔海相望，具有得天独厚的区位优势。已建或在建的多条高速公路、航道、城市轻轨过境，水陆交通四通八达。发达的交通网络、互补型的产业结构和长三角经济圈的良好经济发展前景，为平湖的社会经济发展提供了广阔的空间。

2.城乡均衡发展优势

平湖市在加速经济发展的过程中，一直比较重视城乡经济的均衡发展，基本实现城乡互动、共同富裕的目标。2003年，城镇居民可支配收入和农村居民纯收入之比为2.1:1，远低于全国和浙江省的平均水平，城市化水平达到48.1%。均衡的城乡发展，相对完善的电信、交通、教育和卫生保健等社会事业，以及充分的劳动力就业和较小的城乡居民收入差距，为平湖生态市建设提供了良好的社会条件。

3.良好的社会经济基础

自改革开放以来，平湖市保持了快速稳定的经济发展速度，产业结构不断优化，经济实力不断增强，私营企业充满活力，国有、集体企业成功改制，综合发展指数列全国百强县第31位。良好的市场经济基础、较充足的财政收入以及政府调控社会经济发展的丰富经验，为平湖生态市建设提供了良好的经济基础。

4.污染负荷相对较轻的工业体系

平湖市在社会经济发展的过程中，逐渐形成了一批颇具特色、且污染负荷相对较轻的工业体系，工业污染较易集中控制。从行业结构看，服装、光机电、纸业和箱包是平湖市的四大特色支柱产业，占工业企业总产值的71%。在四大支柱产业中，服装和箱包生产企业的污染物排放量较小，而光机电和纸业的生产企业规模相对较大，比较易于污染的集中控制，从而为平湖生态市建设提供较好的产业基础。

5.历史传统与人文优势

平湖拥有市场经济的历史文化传统，酿就了求真务实、勇于进取的精神品质和追求和谐的人文氛围。改革开放培养了一大批高素质的政府公务员、科技人员和具有开拓精神的现代企业经营管理人才，开放式的思想观念和良好的部门协调机制，为平湖生态市建设提供了良好的文化基础和制度保障。

二、制约因素

1.资源环境体系比较脆弱

平湖地处江南水乡,人口密度大,土地资源、水资源和能源等资源面临较大压力,资源环境体系比较脆弱。水资源短缺,地表水污染严重;地下水过度开采,导致明显的地面沉降;土地资源匮乏,工业用地严重不足,公路占地问题突出;能源贫乏,能源供给体系脆弱,等等,将成为制约平湖社会经济发展的重要因素。

2.基础设施较为薄弱,环保意识有待加强

城乡基础设施和社会服务设施虽然较为均衡,但仍较薄弱,城镇生活污水集中处理率和城镇绿化有待加强,广大农村地区的供水、排水、污水处理、生活垃圾处理等方面的环保设施严重不足,农村社会服务设施供给相对缺乏,人们的环保意识仍然偏低,环保宣传和环保投入有待加强。

3.产业层次偏低,产业综合竞争力不强

从产业层面看, 都市型农业、绿色农业和农业产业化的规模仍然偏小;第二产业层次偏低,如光机电产业缺乏核心技术,服装业偏重于来料加工;第三产业局限于传统服务业,现代服务业的发展相对滞后。同时,平湖的区位优势并没有得到充分的发挥, 在长三角经济圈和环杭州湾经济带中的定位尚需进一步明确,产业之间、区域之间的产业链有待加强。

4.农村建设比较散乱,社会经济的空间布局尚需改善

尽管平湖市各镇(街道)的经济发展较为均衡,但空间布局相对分散,农村建设比较散乱,城镇建设缺乏统一规划,多数镇规模小、布局散、品位低、功能少,缺乏在一定区域内起带头作用的重点城镇,不利于小城镇及公共设施建设。此外,近几年快速发展的高速公路造成了空间切割现象,对城乡建设和经济布局的改善带来了新的难题。

5.人力资源呈结构性短缺

同平湖市的快速经济发展相比，人力资源的开发和储备相对不足，人力资源呈现出结构性的短缺，不利于平湖市长远的社会经济发展、产业结构调整和产业升级。平湖应结合本地社会经济发展的长远需要，进一步完善人才的引进、管理、培养和储备体系。

6.某些规划或管理体制不利于生态市建设

生态市建设是一项系统工程，它要求社会经济和环境诸多方面的协调和均衡发展。过去制定的一些规划或管理制度，在某些方面缺乏对社会经济和环境的通盘考虑，难免存在某些不符合生态市建设的内容。例如，乍浦港的管理体制，乍浦经济开发区的重化工业建设规划同水资源、电力资源短缺之间的潜在矛盾等。

第三节　社会经济发展趋势与环境支撑能力

1.社会经济发展趋势

平湖在最近15年间(1989—2003年)的年均GDP增长率14%，考虑到90年代初期的经济波动和新世纪开始时的上升趋势，预计在2003—2007年间的地区生产总值年均增长率可保持在15%左右，2008—2015年间，平湖市地区生产总值年增长率有望保持在10%左右。

2.资源环境支撑能力

土地资源的支撑能力：平湖国土面积小，未利用土地面积少，开发利用难度很大。随着社会经济的发展和城市化进程的加速，平湖市将面临着日趋严重的土地资源压力。

水资源的支撑能力：平湖人均水资源较少，为全省人均水资源占有量的四分之一。尽管过境水量补给相对丰富，使人均可利用水资源量达到1364.9立方米，但仍低于全省和全国的平均水平。目前，水资源利用系数为0.63，水资源利用强度已基本上超过了水资源的承载能力。同时，平湖还存在“水质型缺水”。对地下水的过度开采,引起地下水位的大幅度下降,并引发了明显的地面沉降,目前对地下水的开采已难以为继。总之,平湖水资源的承载能力已非常脆弱,将会对全市的经济发展(工农业生产)和社会进步(生活用水)造成严重的威胁。

能源的支撑能力:随着社会经济的快速发展,平湖对能源的需求将呈加速增长的趋势,预计到2007年规模以上工业企业产值将比2003年翻一番。如果能源利用效率不变,能源消费总量将增长32%。然而,平湖本地能源资源贫乏,所需能源基本靠外输入。以电力为例,由于电力输入依赖配额,一旦经济发展速度加快,电力供应紧张的矛盾便凸现出来,使得停电现象经常发生,严重影响了企业生产和居民生活。能源问题已成为制约平湖社会经济发展的重要因素。

环境的缓冲能力:尽管“九五”以来通过太湖流域水污染企业限期治理、环境保护“一控双达标”以及生态示范区创建工作,环境污染恶化的趋势得到了一定的遏制,但随着社会经济的发展,全社会污染物排放的总量依然较大,环境质量仍未得到根本改善,总体环境缓冲能力比较脆弱。

第三章　目标定位与指标体系

第一节　总体目标

充分发挥区位优势和社会经济基础良好的优势,通过转变经济增长方式、提升产业层次、提高资源利用效率和开展环境综合整治,增强环境资源的支撑能力,为实现社会经济的可持续发展提供有力的保障;优化产业和城镇建设布局,统筹城乡发展,加快城乡一体化进程,并通过重要水域水资源恢复工程和生态环境保护工程的建设,促进平湖市社会、经济与环境的协调发展。争取通过10年左右的努力,把平湖市建设成为

“外向为主的经济强市,江南水乡的文化名城和休闲度假的旅游胜地”为一体的现代化生态城市。

第二节　阶段性目标

一、近期目标(2004—2007年)

按照浙江生态省建设的总体部署，到2007年，平湖市基本建成生态市。第一、产业结构调整初见成效,构建起社会、经济与环境协调发展的机制和格局;第二、对制约平湖可持续发展的关键因素,如土地资源、水资源、能源的支撑能力,要有切实可行的解决措施,并取得明显成效;第三、城乡垃圾收集和无害化处理设施、城镇生活污水、工业废水处理设施等环境基础设施全面建成并有效运行,生活污水处理率达到60%以上,畜禽养殖污染全面控制,水环境质量明显改善,饮用水水源地基本达到功能区标准;第四、生态经济效率明显提高,工业企业万元GDP能耗下降6%,万元GDP水耗下降20%，工业用地产出率比2003年增长50%，主要污染物(COD、氨、氮)排放强度达到总量控制要求;第五、平湖生态市建设指标体系中的近期指标达标，如全市人均GDP达到4.5万元，人均财政收入达到5000元,城市化水平达到50%,第三产业占GDP比重达到32%,等等。

二、远期目标(2008—2015年)

继续深化生态市建设工程,抓住重点、克服难点,在全面实现生态市建设指标要求的基础上,进一步巩固和提高生态市建设成果,使平湖市社会经济发展和生态环境建设上到一个新的平台,基本形成符合可持续发展要求的经济结构、生态环境安全保障系统和社会管理体系。经济结构和布局的调整取得成效;规模以上工业企业基本实现清洁生产,其中20%以上的企业通过ISO14000环境管理认证;城市基础设施配套完善,资源得到合理开发和有效保护;水土流失治理、生态公益林建设、河道整治工程、重要生态恢复工程等一批环境保护和生态建设重点工程基本完成,彻底扭转局部地区存在的生态环境恶化趋势,全市生态环境质量显著改善。

第三节　指标体系

按照国家环保总局和浙江生态省建设工作领导小组要求,结合省内外生态市建设的典型经验和平湖生态市建设的总体目标定位,从社会经济发展实际出发,制定平湖生态市建设规划指标体系。该指标体系共包括36项指标(分阶段指标体系见附表)。

第四章　生态功能区划

第一节　生态建设区的划分

本规划按照《浙江生态省建设规划纲要》和《嘉兴生态市建设规划》划定的生态功能分区体系，结合平湖市社会经济的发展趋势以及不同部门、不同镇(街道)在经济基础方面存在的差异,综合考虑自然资源和生产要素的基本状况及其在不同部门、不同镇(街道)之间的配置,按照自然与社会经济技术条件的相似性、生态经济特征和今后发展方向的相似性、重大技术措施和发展途径的类似性,根据生态建设的主要特征,将平湖市划分为四个生态建设区:

1."L"型生态城区建设区

本区主要由以当湖街道领衔的三个街道(当湖、钟埭、曹桥)和沿海三镇(乍浦、黄姑、全塘)以及林埭镇组成,在形状上类似"L"型。本区域面积有338.7平方公里,占全市总面积的63.1%,人口为34.6万人,占全市总人口的71.5%,人口密度为1022人/平方公里。

2.重点生态镇建设区

本区主要包括新埭镇、新仓镇和广陈镇,面积188.1平方公里,占全市35%,人口13.4万人,占全市总人口的27.7%,人口密度为712人/平方公里。

3.重点生态功能建设区

(1) 盐平塘饮用水地表水源保护区和广陈塘饮用水地表水源保护区。该两个区域均由一级保护区、二级保护区和准保护区组成,面积各有40平方公里左右。地理位置上,盐平塘饮用水地表水源位于“L”型生态城市建设区,广陈塘饮用水地表水源横跨“L”型生态城区建设区和重点生态镇建设区。

(2)九龙山旅游度假区。本区以九龙山森林公园为核心,总面积10.12平方公里,人口0.4万人,人口密度为395人/平方公里。地处沿海,属沿海丘陵地带,地理位置上属于“L”型城市的一部分。本区林木茂盛,空气清新,自然生态环境优良,拥有山、海、滩、岛等丰富的旅游资源,是全市旅游开发的重要区域。

4.海洋及港口建设区

本区涉及的海域面积为平湖市所辖杭州湾海域,东起浙沪交界,西至海盐县界,大陆海岸线总长28.338km,岸线至理论基准面滩涂1525公顷,海域面积1086km²。这一地区具有良好的港口航道资源、海洋生物资源以及很有开发潜力的海洋能源资源,是平湖建设生态市过程中开发利用海洋资源、实现陆海经济联动的前沿阵地。

第二节 生态建设区的发展方向

一、“L”型生态城区建设区

本区的发展方向是加快工业化进程,进一步提升以“光机电”为龙头的高新技术产业,有序发展沿海高水平的重化工业,形成全市轻、重两条腿跑步的工业全面发展态势;加强城市基础设施建设,突出中心城市的集聚功能。要高度重视重化工产业的发展对生态环境的不利影响,切实加强污染的综合治理,提高资源和能源的利用效率,努力把本区建成工业发达、城市基础设施完善、生态环境优良的城区。

二、重点生态镇建设区

本区的发展方向是发挥其连接城市和乡村的区位优势，以发展都市型农业为重点，以服装、箱包等特色支持产业为依托，加快城乡一体化进程，形成都市型高科技农业产业群和全国服装、箱包生产的龙头。

三、重要生态功能建设区

盐平塘和广陈塘两个饮用水地表水源保护区的发展方向，是以建设合格地表水饮用水源区为目标，切实落实饮用水源保护的各项措施，努力控制农村生活污染和农业产生污染，在确保饮用水安全的同时，实现区域性的水环境恢复和水质的率先改善。

九龙山生态旅游度假区的发展方向，是构建青山碧海的东海西湖和良好的生态度假环境，与沿海产业带的人居配套建设相结合，形成沿海工业集聚区域中的一座“后花园”，并建成浙北旅游热点、全省旅游重点、长三角旅游亮点、国际知名的度假休闲中心，使之成为全市新的经济增长点。

四、海洋及港口建设区

本区的发展方向是发挥其连接海域和陆域的优势，依托内陆，充分利用海洋资源，共同构建平湖由陆域伸向海域的海洋港口建设区。在海洋开发中科学规划，使开发活动不超过环境容量和资源承受能力，努力改善近岸海域水环境质量，促进平湖陆域经济发展与海洋资源开发利用相得益彰的联动进程。

第五章　生态市建设的主要任务

根据平湖市社会经济发展和增强资源环境支撑能力的要求，按照生态省、生态市建设确定的总体目标、基本原则和发展方向，生态市建设的主要任务是建设体现循环经济理念的生态产业体系、体现统筹发展原则的城乡一体化体系、体现可持续利用的资源环境保护体系、体现人与自然和谐理念的现代生态文化体系等“四大体系”，推动平湖生态市建设的全面展开。

第一节 建设体现循环经济理念的生态产业体系

一、生态工业建设

在调整结构、优化布局、加强污染防治的基础上,充分发挥现有的制造业基础和区位优势,以特色支柱产业和高新技术产业的发展为主线,推动产业升级,提高资源利用效率,建立面向世界市场、具有显著集聚效应和品牌效应的现代制造业生产基地;加强平湖经济开发区、杭州湾滨海地区和乍浦经济开发区等的规划和建设,充分发挥工业区块的集聚效应和辐射功能,加快建设两大龙头产业群、三大特色优势产业基地和五大新兴特色制造业,形成重点突出、全面发展的现代生态工业体系。

到 2015 年,三大经济区块全面建成,工业总产值在 2007 年基础上翻两番;两大龙头产业群占全市工业总产值 50%左右,三大特色优势产业的产业结构明显改进、产业层次得到显著提升,形成了一批具有国际影响力的自主品牌,五大新兴特色制造业均形成了相当的规模;产业结构与工业布局有序合理,全市工业企业基本实现清洁生产,工业污染得到有效治理,企业的工艺技术和装备水平、劳动生产率和综合经济效益基本达到中等发达国家水平,高新技术企业的产值占工业总产值的比重达到 60%以上。

1.优化产业布局,调整产业结构,推动产业升级,打造现代制造业基地

按照社会经济发展与环境资源相协调的原则,转变经济增长方式,提高资源的再生能力和综合利用水平,在最大限度地整合现有产业的基础上,进一步优化产业结构、提升产业层次;结合平湖经济开发区、杭州湾滨海地区和乍浦经济开发区的规划,努力打造现代制造业基地,即:光机电产业和临港型产业两大龙头产业群,服装、造纸和箱包三大特色优势产业,以及童车、洁具、医药、家具和机械五金五大新兴特色制造业。

2.树立循环经济理念,推行清洁生产,提高资源综合利用率

全面推进清洁生产,逐步建立起完善的清洁生产管理体制和实施机

制。坚持“减量化、无害化、资源化”的原则,提高废弃物资源化利用水平,促进循环经济的发展。充分利用市场机制,推进工业固体废弃物的资源化、专业化、社会化利用。积极探索工业废弃物的综合利用途径,大力推广服装企业边角废料焚烧—养殖甲鱼的循环经济模式,并逐步扩大到利用垃圾发电,提高废弃物回收利用率。积极采用节能、降耗、减污的先进工艺、技术、设备和新材料,着力降低单位产品的资源消耗量。建立有效的激励与惩罚机制,提高企业的资源、能源利用效率。

3.加强工业污染的有效控制

运用市场机制,发展工业污染治理的长效管理,重点污染源要建设在线监测系统;巩固“一控双达标”的成效,确保所有企业污染物排放浓度达标和总量达标;严格执行建设项目环境影响评价制度和“三同时”制度,禁止新建高水耗、污染严重的建设项目,并以此推动工业结构调整,避免新的结构性污染的产生。加大对重点区域和重点企业的污染控制和治理力度。

4.加快发展清洁能源和环保产业

发展环保产业,使其成为新的经济增长点。要吸收外地发展环保产业的先进经验,结合平湖特点发展适合市场需要的环保产品,促使其向高效、低耗、循环、再生的三废资源化利用的生态方向发展。积极引进国内外先进、成熟的开发技术,采用市场运作方式,推进新能源基地建设,探索利用风能、太阳能等新型资源的有效方式,缓解能源压力,并以此带动清洁能源产业和环保产业的发展。

二、都市型生态农业

充分发挥平湖市农业生产的传统优势和区位优势,大力推进农业产业结构的战略性调整,努力建设优质高效、安全生态的都市型现代农业,实现从传统农业向特色农业、高效农业和生态农业的转变。到2015年,基本建成特色鲜明的高效益都市农业园区,品牌农产品通过无公害食品、绿色食品、有机食品认证,农业综合效益显著提高,农业面源污染得到有效控制,农业废弃物基本实现资源化利用。

1. 调整农业产业结构和产品结构，推动都市型生态农业、绿色农业的发展

大力推进农业产业结构和产品结构调整，推动平湖农业由封闭型农业向开放型农业的转变、由大宗农产品生产向绿色精品特色型农产品生产的转变、由以种养业为主的小农业向农林渔并举的大农业的转变。按照畜牧业大调整、林特业大发展、加工业大提升的思路，大力发展特色农业、生态农业、(外向型)创汇农业和观光休闲农业，建设一批无公害标准化农产品生产基地、特色农产品生产基地以及加工基地和出口基地，着力培育一批具有国际知名度的农业品品牌，大力发展面向上海等周边城市和国际市场的现代都市型生态农业。

2.深化组织创新和制度创新，完善土地流转机制，加强农业园区建设，推进农业产业化进程

深化组织创新、制度创新和经营机制创新，完善土地流转机制，调整农业生产方式和组织模式，实现农业生产由分散经营向规模经营的转变、由单一生产向产业化经营的转变。推动农业园区建设，促进农业产业化进程和农业产业链的延伸。积极推行土地租赁、入股等方式，促进农业园区建设，强化园区对周边地区的原料及产品的集聚、辐射作用，推进高效生态农业产业化，努力建设都市型生态农业园区。

积极引入股份制等现代组织形式，加强土地的集中使用，推动农业生产的组织创新，促进农业产业化和规模经营的发展；努力建立“专业大户+龙头企业+合作社+行业协会”四位一体的龙型产业经营机制，加大龙头企业培育力度，大力发展各类农民专业合作组织和农产品行业协会，提高农业生产的组织化程度。

3.依靠科技进步，提高农业生产的技术水平

农业生产和农产品开发应注重农业科技创新，要依托龙头企业、科研

单位和高等院校的科技力量，广泛采用国内外的先进技术和优良品种，为农业农村的发展提供坚实的技术支撑；加大农业科技投入的力度，逐步形成以财政投入为主导、以企业投入为主体、以金融信贷为支撑的多元化农业科技投入新体系。同时，农业科技创新和技术推广要努力做到“三结合”，即要与生态农业园区相结合、要与农业产业化经营相结合、要与实用技术培训相结合。

4.加强农业污染控制，改善农业生态环境

全面实施“沃土工程”，建设土壤环境监测体系，合理施用化肥，增施有机肥，实行平衡配套施肥，进一步优化和推广配方施肥以及秸秆还田技术；大力推广病、虫、草害的综合防治技术，提高农作物病虫害综合防治率；加强农村白色污染防治，加大废旧农膜回收力度，推广使用可降解农膜；采用高效、低毒、低残留农药，推广使用生物农药，提高农药施用效率，有效降低化肥农药的使用量和流失量；开展规模化畜禽养殖户污染综合治理，以“综合利用，化害为利”为原则，积极推行“猪—沼—果”“猪—沼—菜”“猪—沼—鱼”等生态模式，提高畜禽粪便沼气化处理率，减少畜禽养殖业发展对农村环境尤其是地表水的污染。

5.按照循环经济的要求，推广农业废弃物资源化利用

积极探索农业生产实现循环经济的模式，逐步建立种养业互相依存、互相促进的生态养殖系统，提高农业废弃物的资源化利用水平和资源综合利用效率。根据农业废弃物利用实行资源化、商品化、社会化的原则，积极推广畜禽粪便利用技术，逐步推行农村养殖、沼气、有机肥和有机农产品生产一体化的农牧业复合生态系统。进一步扩大秸秆还田面积，积极推广应用先进的秸秆还田技术，探索秸秆多途径的有效利用方式，提高秸秆的综合利用率。

三、现代服务业

充分发挥平湖的区位优势、交通优势、产业优势和人文优势，在加强自

然资源保护(尤其是旅游资源保护)和环境污染控制的同时,以“加快发展、扩大总量、优化结构”为主线,提升传统服务业、发展新兴服务业,大力推进休闲旅游、现代物流业、专业市场、房地产业等现代服务业的发展,在总量上努力实现服务业增加值占全市生产总值的比重每年提高一个百分点以上。以旅游业、专业市场和现代物流业为重点,逐步构筑起符合社会经济发展趋势的现代服务业新体系,并使之逐渐成为平湖市新的经济增长点。

1.强化生态旅游业的带动效应,打造休闲旅游品牌,实现旅游产业的可持续发展

着力打造以东湖为核心的亲水休闲、文化旅游服务中心,以九龙山旅游度假区为龙头的滨海运动休闲度假带和以新埭、新仓为前沿的环上海乡村休闲度假带这“一心二带”休闲旅游功能区块的空间布局。加快南河头历史文化街区开发,展现莫氏庄园江南晚清古建筑的独特魅力。完善配套旅游休闲服务体系,增强平湖市的综合接待和服务能力。发挥平湖的海洋资源优势,有计划的开发近海旅游资源。同时,稳步培育与旅游业密切相关的会展业,逐步形成特色会展产业。

切实保护旅游资源,加强旅游区环境治理,促进旅游环境的良性发展。加强对山体景观(九龙山)、水乡景观、历史遗址和历史文物等特殊旅游资源的保护。景点建设必须与污染治理、生物多样性保护等有机地结合起来。加强景区的环境治理,促进旅游业的可持续发展。

增强文化内涵,提高旅游品位。充分利用丰富的历史文化资源,增强旅游业的文化内涵,挖掘历史底蕴,提高文化含量。提供参与性、娱乐性、知识性于一体的旅游产品,把自然资源和人文遗迹、现实与历史融为一体,以符合和满足游客的需要为目标,为旅游者提供高品位的精神享受。

理顺旅游资源开发与当地居民之间的产权和利益关系,建立旅游资源占用的补偿机制,使当地居民在有所失的同时有所得、有所为。通过旅游资源的开发,促进农村劳动力的转移和农村经济结构的调整,推动旅游业与

当地经济的共同发展。

2.加快提升商贸流通业,推动专业市场建设

加快建成商品市场与要素市场并重、传统业态与新型业态结合、布局合理、竞争有序的市场体系。改造提升传统商贸业态,着力推进专业市场建设,构筑具有平湖产业特色的市场群体。重点加强中国(平湖)国际服装贸易中心、建材装潢交易市场建设,引导和培育箱包、童车、洁具等专业市场,发展和扩大特色街区、特色商店的规模,大力发展电子商务、品牌经营等现代营销方式。同时,鼓励商贸龙头企业实现规模扩张并开拓农村市场,促进城乡服务业的共同协调发展。

3.积极培育现代物流业

以构建浙北重要物流中心为目标,稳步推进为长江三角洲经济区服务的港口带动型、杭州湾北岸物流基地建设。通过整合现有的储运资源和加大招商引资手段等,大力发展第三方物流,培育和引进一批经营规模合理、技术装备先进、管理水平较高的现代物流企业。努力做到以现代化的物流服务,提高资源的利用效率,加快生态市建设步伐。

4.发展信息服务、中介服务和社区服务业

以被列入省级信息化试点县(市)为契机,推进"数字平湖"建设,加速信息技术向国民经济各领域的辐射和渗透。在提高政府和企业信息化水平的基础上,增强对农业、农村、农民的服务网络功能,逐步形成结构合理、技术先进、运转高效的社会信息服务网络。大力发展中介服务业,为企业经营管理、居民消费决策和社会信息沟通提供有效服务。在推进社区服务社会化、产业化进程基础上,不断健全服务网络、拓展服务领域。通过创办社区服务经济实体带动城镇失业人员、农村富余劳动力拓宽就业渠道,提高居民的生活质量。

5.积极发展房地产业和金融保险业

为适应广大居民住房消费多元化发展趋势,加大对房地产开发的政策

引导和政府调控力度，建立满足不同层次消费需求的供应体系，同时规范发展物业管理业，推进房地产开发和物业管理的分业经营。鼓励金融保险业务创新，加快金融保险业的市场化建设，促进银行、保险、融资租赁等现代金融业务发展，以现代化的金融保险服务为生态市建设注入活力。

第二节 建设体现城乡统筹发展的一体化体系

一、统筹城乡发展，建立平等和谐的城乡关系

按照“以城带乡、以工促农、城乡一体”的思路，统筹城乡建设规划，统筹城乡交通、教育、卫生、文化等各项基础设施建设，统筹城乡产业布局，统筹城乡配套改革，统筹城乡精神文明建设。同时，努力提高城乡居民尤其是农村居民的人均收入水平，充分发挥政府政策的指导作用，完善城乡收入分配机制、社会就业体系和社会保障体系。

1.努力提高农村居民的收入水平

建立城乡统筹的利益分配体系，调整国民经济分配格局，加大对“三农”的政策倾斜和转移支付力度；加大对“三农”基本建设的投资力度，为农民增收创造条件；加快农村税费改革，免征农业税、特产税，减轻农民负担；深化农业结构调整，大力发展高效农业，加强农业科研和技术推广，推行农业产业化经营，挖掘农业内部增收潜力；继续实施“新村示范、村庄整治”工程，改善农村生产、生活环境；加快工业化、城市化进程，大力发展二、三产业，改善农民进城就业条件，增加农民就业门路，拓宽农民增收渠道。确保农民人均年纯收入增长率达到8%以上，逐步缩小城乡居民收入差距。

2.统筹城乡产业布局，实现城乡产业合理分工

建立城乡统筹的产业发展体系，统筹城乡产业布局，实现城乡产业合理分工，优势互补，促进城乡产业融合、区域经济结构优化和产业升级；实现城乡工业一体化。改变目前农村工业与城市工业在行业和产品结构上表现出高度的同构现象和产业布局上呈现过度分散化的现象。提高生产要素

的配置效率,尤其是提高土地资源的利用效率。在合理分工的基础上,明确农村工业的发展方向,加大扶持力度,形成城乡工业一体化的发展格局。

3.完善社会就业体系,形成统一的城乡就业市场

加强劳动力市场建设,重点突出政府培育劳动力市场,健全就业服务体系,发展公共就业服务机构,加强职业指导和转业转岗培训工作,改善农村劳动力进城就业环境。

改革现行的城镇户籍制度和就业制度,将农村劳动力转移纳入整个社会的就业体系中,完善和规范对劳动力市场的管理。积极推进劳动力市场的建设和市场就业机制的形成,确保劳动力在全社会的自由、合理流动,基本形成以市场为导向就业机制。

加快推进劳动力市场的科学化、规范化和信息化,推行劳动力市场价位制度,规范劳动力市场秩序。依法扩大社会保险覆盖面,完善农村职工养老保险,逐步实现城乡职工养老保险的接轨,加强退休职工和失业人员的社会型管理服务。

加大职业培训和再就业培训力度,提高职工适应职业变化的能力和失业人员就业、创业的能力,实行弹性就业和就业准入控制。稳步推进农村剩余劳动力转移,组织实施农村劳动力培训工程,实现大部分剩余劳动力就地就近转移。加强高校毕业生就业的政策引导和就业服务。建立覆盖全社会的失业和再就业服务体系, 推进劳动力市场和再就业信息网络建设,加强就业介绍、培训等服务工作,大力做好失业职工再就业工作,增加劳动力就业机会。

4.建立城乡统筹的社会保障和社会救助体系

建立健全城乡统筹的基本养老保险、医疗保险、失业保险以及工伤、生育保险制度,扩大各项社会保险的覆盖范围,稳步提高农村、城镇居民的最低生活保障标准。全面开展农村“五保”老人集中供养工作,发展公益事业和社会慈善事业,扶助弱势群体,把社会救助、慈善救济等方式作为社会保

障的有益补充,形成城乡一体化的社会保障与社会救助体系。

加强福利事业的整体规划,合理布局福利设施。加强综合性社会福利机构和农村敬老院建设,完善硬件设施和软件配套,提高服务质量。深入推进社会福利社会化,以财政投入为主渠道,形成福利事业建设主体多元化的格局。

建立、实施符合平湖经济社会发展实际的、覆盖全社会的、分类管理、动态调整的最低生活保障制度。实施城镇"百户扶贫工程"和农村"扶贫安居工程"。继续开展"一对一""多对一"的市级机关干部与贫困户的结对扶贫活动。完善灾害救助制度,建立健全赈灾机制,市、镇(街道)两级设立自然灾害救济事业费。

高度重视解决被征地农民的生产生活问题,制定被征地农民养老保险政策,做好征地农民及其他有投保愿望农民的养老保险参保工作,保护农民利益。

二、统建共享的城乡基础设施建设

按照"统建共享"的原则,充分发挥城乡的各自优势,用最少的土地占用和经费投入来建设更多更方便的基础设施项目, 提高基础设施利用效率。

1.交通设施

加强中心城市的市内交通和市区、镇(街道)、乡村之间的交通体系的建设,逐步调整和完善城市道路交通网,建立一个高效、便捷、安全的城市客货运输体系和多种交通方式协调运营的现代化道路交通网络,逐步建立起覆盖广大农村的公共交通体系。

2.供水设施

按照建设地面供水设施与封闭地下深水井同步的原则,逐步减少开采地下水水量, 在 2008 年全面禁止开采地下水之前, 加快地面供水设施建设,实行城乡一体化区域供水。

3.排水及污水处理设施

中心城市和主要城镇原则上采取雨污分流制，加快雨水、污水排水管网建设，将现有雨污合流管逐步改造为雨水管(雨水排放以暗管为主，就近排入内河)，另铺设污水管，形成由东、西两区构成的、覆盖全市的雨污分流的排水体系，并规划在滨海工业区建设污水处理厂，集中收集处理，污水处理后排入杭州湾。

4.固体废弃物处理设施

针对生活垃圾、一般工业固体废弃物和危险废物的不同特点，加强垃圾集中收集处理系统建设和固体废弃物的综合治理。

对于生活垃圾，收集方式以垃圾桶定点收集为主，采用袋装化分类收集垃圾，实现分类收集、集中处理。全面推行农村垃圾集中收集处理，垃圾处理由分散化向集约化转变，在垃圾处理过程中引入企业化运作的城乡一体化垃圾处理机制，避免城乡之间、区域之间因地域分割，造成农村垃圾的收集与处理各自为政、效率低下的现象。

对一般工业固体废弃物，实行综合利用，特别是服装箱包和洁具边角料等固体废物，采用有效的综合利用技术，实现废弃物的综合循环利用。建筑垃圾由环卫部门建立管理机构，统一负责建筑垃圾的消纳。

对于医疗废物和工业危险废物等危险废物，必须采取有效措施加以处置。医疗废物建立健全独立封闭运行的收集处置系统，并结合嘉兴市总体要求，与嘉兴市医疗废弃物处置系统连接。对工业危险废物根据“谁污染，谁治理”的原则，单独收集，有处置能力的单位自行无害化处置，无处置能力的单位应委托处置。

5.联片集中供热设施

在2003年底贯通10.8公里集中供热网管、扩建2台75吨/小时燃煤锅炉项目的基础上，进一步加大联片集中供热设施的建设力度，在时间和空间上协调好热电的生产、传输和使用。同时，要着眼未来，制定全市热电联产发展规划。

6.其他生活服务设施

加强城乡燃气设施、电信设施、有线广播电视设施、供电设施建设,保障城乡居民生产生活安全、舒适、便利。

三、城乡人居环境建设

1.城镇人居环境建设

(1)城镇景观建设与绿化

把传统历史文化、自然生态特征和现代化城市功能结合起来,以城市绿化、公园建设和历史文化遗址保护为重点,构筑人与自然和谐、形态与功能协调的生态景观。充分利用平湖特有的道路和水系,建设以公园、绿地为主体,以道路、河道为绿色走廊的完整绿化系统;进一步加快东湖风景区、南河头历史文化街区、钟埭老街和新埭老街等景观景点的建设或保护。建设启元路绿地、盐平塘绿地、曹兑港滨河绿地、揭按洋绿地等大块城市绿地;同时,在城市对外交通干线两侧、工业区块侧面设置防护绿化林带,在城市道路、河道两旁进行普遍绿化,为城镇居民创造一个良好的生活环境。

(2)环境综合整治

坚持经济发展、城乡发展与环境保护同步协调发展的原则,逐步完善与平湖市国民经济和社会发展相适应的环境管理体系,建立全市污染物排放总量控制调度体系,使环境污染和生态破坏趋势得到有效控制,重点区域的环境质量得到较大改善,努力建立符合可持续发展要求的良性生态环境系统。

(3)生态社区建设

生态社区建设要以创造舒适的居住条件为目的,充分体现土地资源的合理使用和社区环境的美化、净化,注重住宅的生态功能,使社区建设与自然环境高度和谐。推广集传统园林特色和现代技术于一体的生态示范小区。做好小区环境的绿化、美化和净化工作,营造绿树成荫,适宜居民运动、休憩的良好居住环境。强化居住小区物业管理,完善小区配套服务和物业管理手段。结合社区建设,加强社区治安、环境、景观、卫生管理,增强生态文化的氛围,为建设生态型社区创造良好条件。

在主城区,结合观光生态旅游建设,选择合适的地带进行生态住宅的建设,充分利用周围的水、空气、光、热和自然景观资源,通过绿色空间设计、水循环利用系统设计和能源合理利用系统设计,建设资源合理、循环利用的中小规模的生态型住宅小区。

开展"绿色家庭"创建活动,倡导节约用水、节约用电和珍惜粮食的观念,推行垃圾分类收集和袋装化处理,实行房前屋后绿化、美化,形成人人讲卫生、家家珍惜资源、爱护环境的风尚,使家庭成为生态市建设的基本单元。

2.农村人居环境建设

(1)加强生态镇、生态村建设,建设"生态家园"

按照全国生态乡镇、生态村考核标准,落实创建方案,组织编制实施各地的生态镇建设规划。加快镇区改造和城镇基础设施建设,解决农村饮用水供给等问题;加大绿化力度,切实保护和改善镇(街道)环境;加强镇(街道)区域内环境管理,加大工业"三废"和农业面源污染治理力度,有效杜绝污染事故和生态破坏事件的发生。到 2007 年,新埭、新仓和广陈等 3 个镇全面达到生态乡镇标准,并通过上级部门的考核验收,其他镇基本建成生态镇。

生态村建设的重点是,加大村庄环境整治力度,完善农村基础设施,加快农村工业发展。改善农村落后的生产、生活习惯,保证土地资源和各项基础设施的合理利用,恢复生态系统的净化功能。生态村建设要与农村居住点改造相结合,对新村进行科学的规划和设计。通过加大改水改厕力度,推行生活垃圾集中收集,生活污水统一处理,改善农村卫生环境;通过发展庭院绿化,加强四旁种植,绿化、美化农村居住环境;因地制宜发展液化气、沼气、太阳能等清洁能源，保护农村生态环境。

建设“生态家园”，选择条件合适的村、组或农村居住点作为试点，集中畜禽粪便和生活污水，逐步建设点面结合的农村沼气系统。对生活垃圾实现定时定点收集和统一处理，减少农村废弃物的排放，努力开展区域内能源和资源的有效利用，创造优美舒适的农村居住环境。

(2)加强农村环境综合整治，实施“新村示范、村庄整治”工程

通过“新村示范、村庄整治”工程的实施，建设一批“村庄美化、集体富强、村民富裕、班子坚强”的农村社区化新村，在改善村庄布局的同时，切实解决农村农业的污染问题，推进农村全面小康社会的建设。

“新村示范、村庄整治”工程要根据全市村庄布局规划，按照建设示范一批、整治改造一批、撤并拆建一批的要求，加强农村宅基地的整理集中，打破行政村界限，建设新的集中农居点，高标准建设一批农村社区化新村。

在“新村示范、村庄整治”工程的实施过程中，要通过生物技术的采用推广，加大农业面源污染治理力度，开发农村清洁能源和再生能源的推广应用，加强农村饮用水工程建设，改善农民饮水条件。要从农村“双整治”工作，即从整治农村社会风气和农村居住环境着手，做到“四无一搞好”，即无职业迷信和聚众赌博，无露天粪缸，无乱埋乱葬和建筑性坟墓，无非法庙庵，搞好环境卫生。通过“双整治”工作，改变农村面貌，改善农民生活环境，提高农村文明程度。通过加强宣传和建立村规民约等形式，改变农村不良生活习惯，减少生活污染的产生和乱抛乱弃等现象，促进农村社会风气的转变和生活环境质量的改善。

3.统筹城乡人居环境建设

加强主城区、镇(街道)、中心村、居民点之间的交通体系建设，发展公共交通，加强城镇与乡村之间的交通联系，逐步建立起“村村通公交车”交通体系，最大限度地为城乡居民的出行提供方便。

统筹安排城乡供水设施、排水及污水处理设施、垃圾处理设施、联片集

中供热设施以及燃气、电信、有线广播电视和供电等生活服务设施建设,提高共享水平,使农村居民平等享受现代城市文明。

推进城乡生态绿化,按照"绿化、亮化、美化、净化"要求,市、镇(街道)级主要道路、水系两旁全面实现绿化,建设城乡公共绿地和生态公益林,建立城郊森林和城镇绿地的大环境绿化网络系统,将城郊农田作为城镇的有机组成部分,保护和恢复湖泊、河流等湿地系统价值,保持和恢复河道和海岸的自然风貌,建立无机动车、绿色步行通道,以农田、果园、风景公益林为基础,以主城区、重点镇绿地为亮点,以道路、水系绿带为网络,形成点、线、面结合的城乡绿色生态系统,维护和强化城乡景观的连续性。

第三节　建设体现可持续利用的资源环境保障体系

一、生态环境保护

1.水环境保护与水污染治理

(1)饮用水源地保护。扩大和改善城市供水水源,采取工程措施改善水环境质量。全面实施饮用水源地保护,规划在盐平塘和广陈塘设立两处饮用水水源保护区,明确饮用水源一级保护区、二级保护区和准保护区的水域、陆域范围、功能和水质标准,落实责任单位及其职责,对饮用水源地保护实行统一监督管理。

(2)水污染治理。加强水污染治理。第一、要推行河道清淤,制定具体清淤计划,以产业化、市场化的思路推进河道清淤、减污;第二、对主要交通航道实行生态护岸和两岸的植树绿化,涵养水土,改善水质;第三、实施生态工程,促进水环境恢复,逐步试行将小型湖泊、水塘、沟渠和湿地改建成稳定塘生态修复系统,使污染河水经生态修复后再生利用,形成多级利用与修复系统,发挥自然净化功能。

对于河道水网,根据平湖具体实际,针对不同的情况采取相应的治理手段。对于流量流速较大的河道,通过疏浚、整理、连通、拓宽、绿化、加固河堤等综合措施,提高河道的蓄水能力,增强河道的自净功能;对于流量流速较小或者相对封闭的河道,首先要截污、清淤,再通过水生生物培养等水环境净化技术,使“死水”变成“净水”,提高水质等级。

在污水处理上,由于城镇和农村污水排放有较大差异,要“集中处理与分散处理相结合”,分别采取不同的处理措施。在城镇,要建设污水排放管网和污水处理厂,对生活污水实行集中处理;在相对分散的农村聚居点,要积极探索农村污水处理方案,对“人工生态绿地系统”“无水生态马桶”“自然堆肥技术”等生物处理技术进行论证、试验,成功后积极推广,逐步解决污水直排水体的问题,努力实现污水的资源化利用。同时,将农村的多样化处理系统与城镇的管网相结合,形成从农户排污处理到河道整治的综合生态化处理系统。

2.加强污染物排放的总量控制和综合治理,确保功能区达标

实行源头控制和末端治理相结合,按照“减量化、资源化、无害化”的要求,严格执行主要污染物总量控制计划,减少污染物排放,加强大气污染、噪声污染和固体废弃物的综合治理, 使全市环境质量逐步达到功能区标准。

3.保护生物多样性,防止生物入侵

实施生态资源完整性、生物多样性保护,拯救珍稀濒危物种,建立完备的生态保护体系,为各类野生动植物创造良好的生存环境和安全的活动空间,保护生态资源的完整性和生物多样性,维护生态平衡。

生物多样性是人类赖以生存和发展的物质基础,外来物种对生态环境的入侵已经成为生物多样性丧失的主要原因之一。平湖市在生物多样性保护中一方面要谨慎引种,在退耕还林还草等工作中,尽可能利用本地物种,减少引进外来物种。另一方面,加强对已知的主要外来有害物种的防治及综合治理工作,营造利于经济社会发展的生态环境,维护当地的生态安全。

4.海洋与湿地资源保护

平湖市所辖杭州湾海域有1000多平方公里，是平湖发展海洋经济的依托。过度捕捞及污染排放增加导致的海洋生态环境恶化，将对陆域环境以及海洋经济带来严重的后果，因此，要切实加强海洋生态环境的保护和海洋资源的合理开发。同时，加强森林湖泊湿地生态系统的保护，在城镇建设中要合理规划、避免破坏，使之发挥其涵养水源、净化水质、维护生物多样性的功能。

二、生态环境建设

1.河道治理工程

根据平湖境内河道淤积、行洪不畅、污染严重和界线不清等问题，加强全市河道综合治理。要遵循“全面规划，统筹兼顾，突出重点，分步实施”的原则，通过疏浚、整理、连通、拓宽、绿化、加固河堤、治理污染等综合措施，提高河道的行洪排涝能力，改善河道水质，恢复和强化河道功能，促进水资源的开发利用和保护，建立一个和谐优美的水生态环境，构筑“水清、流畅、岸绿、景美、有用”的河网水系。

2.水土保持工程

治理水土流失要采取标本兼治的办法，运用综合治理措施，重点建设河道的亲水护岸工程（堤岸绿化），全面开展田间排水沟渠硬化建设，对砖瓦厂进行统一规划，严格执行“三同时”制度，建立起比较完善的生态环境预防监测和保护体系，实现生态环境和社会经济的协调发展。

3.绿化造林工程

结合平湖城镇建设、河道纵横、公路四通八达的特点，建设以城市绿化为中心，以城镇村庄绿化为节点，以河道堤岸、公路两侧、海岸线为纽带，以农田林带林网和特色经济林为网络的比较完整的绿化体系和林业生态体系。重点实施绿色通道工程、城镇绿化工程、滨海防护林工程、农田林带林网工程、效益产业林工程和休闲观光林业绿化工程等六大重点工程。

三、资源可持续利用

1.土地资源

(1)加强宏观调控和土地规划管理,严格实行土地用途管制坚持土地集约利用的原则,严格控制新增建设用地总量,严格控制占用耕地,维护土地利用总体规划的严肃性和权威性。调整优化全市建设用地布局,发挥土地资源集约利用效应。加强政府对土地资源的宏观调控能力和引导作用,强化年度土地利用计划管理,鼓励存量土地的建设利用。严把用地审批关,实行项目用地控制指标制度,强化建设项目用地审查。

(2)完善地价管理体系,建立土地资源市场配置机制

建立基准地价定期公布制度、协议出让土地最低限价制度和土地成交价格申报等制度。以基准地价为基础,制定协议出让国有土地使用权最低价,运用地价杠杆促进土地资源的集约利用。发挥市场对土地资源配置的基础性作用,逐步实行工业项目用地公开竞价出让制度。

(3)依法处置闲置土地,切实盘活存量建设用地

依法对闲置建设用地定期清理,督促土地使用者按照土地出让合同或划拨决定书的规定实施项目建设。对超期未建超过一定比例的土地视为闲置土地,按规定征收闲置费,并责令限期建设或续建,或依法无偿收回土地使用权,纳入土地储备,重新出让。加强对闲置土地的统一监督管理,严格履行各项手续,盘活土地存量,优化土地资源配置。

2.水资源

要开源与节流并重,利用与保护并举,根据水资源现状和水质现状,确定重点保护领域和治理措施,增强水资源支撑能力。

(1)增强水资源供给能力

通过河道的疏浚整治,增加蓄水量;加强饮用水源地保护和河道边坡的绿化,增强地表植被涵养水源的能力,控制因水土流失造成水源地的淤积现象;扩建古横桥水厂,新建广陈水厂,增强工业用水和城乡居民生活用

水的供水能力;加强饮用水深度处理,提高饮用水水质;严格执行地下水年度开采计划,逐步控制开采地下水,到2008年以后实行全面禁采;适时实施千岛湖引水工程,调剂缺水季节的供水不足。

(2)加强水污染控制和治理,逐步解决污染性缺水问题。

依靠科技进步,利用新技术、新手段,建设一批工业废水和城镇生活污水集中处理设施, 不断提高工业废水排放达标率和城镇生活污水处理率;大力培植从事污水处理设施建设和运营的专业公司,有效提高辖区城镇污水处理率;加强农业面源和畜禽养殖业对水环境污染的防治,通过河道整治和生态恢复,遏制水环境恶化趋势,远期逐步恢复水环境质量。

(3)创建节水型社会,提高水资源利用效率。

大力发展节水工业、节水农业,鼓励中水回用,严格控制耗水量大和对水环境污染严重的企业落户平湖。把创建节水型城市作为全社会的共同目标,通过宣传教育,提高人们的节水意识,推行一水多用,提倡清洁生产和污水资源化,处理后污水用于城镇景观生态用水、农灌、工业冷却水等,形成"珍惜水资源、保护水环境"的新风尚。

(4)完善用水机制,优化水资源配置。

完善水资源管理措施和水价机制,改革现行单一的水价制度,实行分段累进收费制,充分发挥价格杠杆的调节作用。逐步推行分质供水、差价收费的机制,增设供水管网,实行饮用水与工业用水或一般用水分开,推行优水高价,确保优水优用。

3.能源

优化能源供给结构和消费结构,推广节能技术项目和产品设备。充分发挥"多能互补"的原则,贯彻以电力为中心的能源工业发展方针,提高优质、清洁、高效的电能在总能耗中的比重。开发应用气体燃料,突出抓好接应国家天然气"西气东送"和其他气源工程的准备工作,科学规划天然气利用城市总体规划。大力开展风力资源的开发利用,积极研究风力发电、风力提水及配套技术。同时降低煤炭消耗比重,推广使用清洁煤。

建立节能监督机制,坚决贯彻执行节能法律,推广节能技术项目、技术产品和工艺设备,加速淘汰高能耗、高污染、低效率的传统项目和国家规定强制淘汰的窑炉设备。建立节能基金,实施节能示范项目,在学校、新建住宅小区推广使用太阳能集中供热,加大太阳能等新能源和可再生能源的开发和应用。积极探索冰蓄能的推广应用技术,缓解用电高峰的电力负荷。

四、防灾减灾能力建设

坚持“预防为主,防治结合”的原则,全面规划,综合防御。全面建设以信息采集系统、通信系统、计算机网络系统和决策指挥系统为主要内容的灾情预警系统,及时掌握本地天气预报和雨情、水情、旱情、工情和灾情,制定和完善防汛、防旱、防台、防震等各类应急抢险预案,重点抓好一批防灾减灾工程,全面提高防灾减灾能力。

第四节 建设体现人与自然和谐理念的现代生态文化体系

牢固树立以人为本、全面、协调和可持续的发展观,发挥平湖传统文化底蕴深厚的优势,充分挖掘地方特色,加强环保宣传教育,倡导现代生态理念,建立积极向上的、符合时代潮流的现代生态文化体系。

一、继承与发扬传统文化

挖掘、整理和保护以西瓜灯、钹子书、九彩龙为代表的传统民间民俗文化,以李叔同、陆维钊、吴一峰为代表的名人文化,以莫氏庄园为代表的名园文化,以报本寺、外蒲山、小普陀观音禅院为代表的宗教文化,以南河头历史文化街区、东湖景区等为代表的特色水乡文化,以九龙山为代表的名景文化,以平湖糟蛋为代表的饮食文化等文化遗产。继承和发扬平湖人求真务实、勇于进取、追求和谐均衡的优良传统,有意识地培育一种现代文明与传统遗产相得益彰、共生互补的崭新文化形态,树立科学的发展观,努力建设具有平湖特色的生态文化体系。

二、培育现代生态文化

1.企业生态文化建设

促进企业生产方式的转变,从传统产业向生态型产业转变,从高投入、高能耗、高污染的生产方式向循环经济转变;积极开展清洁生产和ISO14000环境管理体系认证,完善企业综合环境管理制度;建立企业生态环境保护的群众参与机制,使企业全体员工积极投身到企业的生态转型改造中;进行企业生态形象设计,如生态标识和废物回收利用标志;加强企业职工生态意识教育和企业生态文化培训,树立行业特色生态形象。

2.社区生态文化建设

建设以人为本、人与自然和谐共存的绿色社区,培育文明向上的社区生态文化,倡导生态型的生活方式、消费模式与伦理道德规范;引导社区居民采用对环境友好的废弃物处置方式,推行废弃物分类收集系统;努力培养优良的社区人际关系,倡导人与人互相帮助、互敬互让、人人热心参与社区公益活动的和谐的人际关系;建立生态型的社区管理体系,利用社区系统的社会—生态—经济调节功能,协调各功能之间的关系,维护社区平衡发展,营造美化、净化的社区环境。

3.社会生态文化建设

坚持与知识教育、技能教育、意识教育、行为教育相结合的生态教育,提高市民健康素质、社会素质、心理素质;推进社会服务体系建设,创建完善的就业、养老、医疗等社会保障体系;以生态产业创新和重建,扩大就业机会;提高政府决策能力,逐步建立和完善高效、公正、灵活的管理体制,推行环境友好、生态合理的行政管理和决策方法;积极推行并坚持生态环境影响评价制度,实行重大环境决策的公众参与和听证制度。

第六章　重点领域与工程项目

本规划按照生态市建设的总体要求,围绕“四大体系”的建设任务,本着“突出重点、突破难点、抓好亮点”的原则,重点建设先进制造业基地及生态工业、都市型生态农业、现代服务业、城乡一体化、资源保护和环境恢复、人力资源与科技创新能力、生态文化等七大重点领域的建设,集中力量组织实施61项工程,共计投资422.87亿元(工程项目汇总表见附表2)。

第七章　投资概算与经费来源

一、投资概算

平湖生态市共规划工程项目61项，共需要建设资金422.87亿元,项目投资分布如表7-1。

表7-1　生态市投资经费概算情况

(单位:亿元)

分类	总体		近期	远期	项目数
	投资额	比例	投资额	投资额	
先进制造业基地及生态工业建设	262.30	62.03%	261.30	1.00	8
都市型生态农业建设	6.85	1.62%	2.39	4.46	6
现代服务业建设	50.44	11.93%	25.29	25.15	7
城乡一体化工程	66.01	15.61%	48.48	17.53	18
资源保护和环境恢复工程	26.74	6.32%	17.47	9.27	12
人力资源与科技创新能力建设	5.80	1.37%	2.60	3.20	5
生态文化建设工程	4.73	1.12%	3.73	1.00	5
合计	422.87	100%	361.26	61.61	61

二、经费来源

重点项目的资金来源按照其建设主体和目标的不同而不同。各种基础设施建设以政府财政投入为主,辅以中央和省级政府的扶持贷款和财政补助,部分项目可吸纳社会资本入股投资;生产经营项目以吸引国内外企业投资为主,对部分项目借助国家政策性贷款的扶持,辅以政府财政资助,或提供无息或低息贷款；其他科教文卫等事业以地方财政为主，辅以争取省有关部门提供的补助或专项资金，对部分项目也可以吸纳社会资本投资。总之，应拓宽资金渠道，建立灵活的投融资机制，将过去以政府投入为主的公益性投资模式逐步转变为以社会资本投入为主的经营性投资模式，实现投入的多元化、社会化；按"谁投资、谁受益"的原则，鼓励民间资金和国外资本投资建设、经营生态环保重大工程项目，建立自主经营、自负盈亏、自我发展的良性机制，促进各种工程建设的产业化、市场化。此外，争取国内外社会团体和环保组织对生态环境保护工程项目的支持。

第八章　规划实施的保障措施

第一节　政策法规保障体系

一、确立《规划》的法律依据和政策支撑体系

首先，建议将《规划》提交平湖市人大常委会审议通过，把《规划》视为与《"十五"计划和2010年远景规划》同等重要的地位，作为今后一个时期统领平湖生态市建设各项工作的纲领性文件之一。其次，建立健全《平湖市土地资源利用管理办法》《平湖市水资源利用管理办法》等规范性文件和政策体系，使《规划》的实施有法可依，有章可循，不受部门利益的羁绊，不以个别人的意志为转移。建立《规划》实施过程中的深化、修正和报批机制，既要保证《规划》实施能够与时俱进，又要避免随意修改而有损《规划》的严肃性。

二、明确执法体系

认真做好与现行的国家和地方有关森林、土地、自然保护、工业、农业、城乡建设、水资源等环境保护的法律法规的衔接，在各执法部门之间建立联系制度，统一执法尺度，相互协作，互通信息，联合行动。确保生态市建设的权威性、严肃性和连续性；强化生态建设和环境保护的执法监督管理，加

大执法力度,依法严肃查处各种环境违法行为和生态破坏现象,推动生态市建设走上法治化轨道。

三、建立健全《规划》实施的奖惩制度

建立生态市建设工作业绩考核制度,对各镇(街道)、各部门在生态市建设中的工作绩效进行年度考核,实行绩效与奖惩相挂钩,对在开展生态市建设工作中取得成绩的予以相应的奖励,对不重视生态环境保护,出现严重影响生态市建设,甚至发生生态环境破坏事故的单位和主要领导给予必要的处分。

建立生态市建设行政监察制度,加强对各部门和各级领导执行生态、环境、资源等法律法规情况的监督检察,督促各有关部门在进行项目引进和项目审批时,认真执行审查程序和审批程序。

定期公布鼓励发展的生态产业、环境保护和生态建设优先项目目录。对优先发展的项目提供相应的税收及其他政策优惠;对一般性的经济发展项目,鼓励市场竞争;对控制发展的项目,在土地、税收、金融等政策上进行严格控制,限制其发展的空间。

对水资源、能源的消费,要取消现行的各种补贴和优惠;对需要回收集中处理和再利用的商品,实行押金制度,由生产者进行再循环利用。

第二节　组织机构与管理保障体系

一、建立《规划》实施的组织机构和目标责任制

成立生态市建设工作领导小组,全面负责协调建设规划实施中的领导、组织和决策。各级政府要将生态市建设工作纳入政府行政目标责任制并组织考核。生态市和生态镇建设领导小组要设置生态建设办公室,作为落实生态市建设的日常管理机构,配备专职工作人员,划拨专项经费,确保生态市建设日常管理工作正常运转。生态办根据规划的要求按年度制定详细的实施方案,进行计划管理和项目管理,各镇(街道)和职能部门明确分

工、落实责任，实行监督、检查、通报和考核。生态市和生态镇领导小组办公室应落实编制和经费，各镇(街道)和职能部门要有专人担任办公室成员，同时加强各级环境保护机构的力量，以进一步充分发挥它的监督作用和协调功能。建立生态市建设联席会议制度，加强对生态建设的领导和协调。

实行生态市建设一把手负责制和目标责任制，由党政一把手亲自抓，负总责，按年度签订工作目标责任书，实行年终考核，把生态市建设成效列入工作业绩考核内容之中。建立互相协调、分工负责、齐抓共管的环境监督管理和工作运行机制。各相关部门要加强对生态建设工程的规划和建设的业务指导。

二、完善《规划》实施的行政管理体系

本《规划》建设内容将作为平湖市国民经济和社会发展“五年计划“的重要内容。将生态建设的投资计划和重大示范工程项目列入国民经济和社会发展综合投资计划中，并实施项目管理。在制订国民经济和社会发展中长期规划、产业政策，进行产业结构调整、生产力布局规划，以及实施区域开发时，都要按照本规划的要求，充分考虑生态环境的承载力，开展必要的环境影响评价。各部门在制定和实施经济、社会和环境政策时，将生态理念贯彻到综合决策之中，切实做到生态建设和环境保护贯穿于社会经济发展的全过程。

三、建立新的统计和评价考核体系，纳入生态环境指标

改革和完善现行的国民经济核算体系，对环境资源进行核算，使有关统计指标能够充分反映经济发展中的资源和环境代价，探索建立环境资源成本核算体系和以绿色 GDP、“真实储蓄” 为主要内容的国民经济核算体系。在环境影响评价基础上探索建设项目的生态评价方法，逐步建立生态评价制度，从而引导人们从单纯追求经济增长，逐步转移到注重经济、社会、环境、资源协调发展上来，以克服现有的核算体系不能较好地反映经济活动对资源消耗和生态环境影响的弊端。

第三节 资金筹措与投资保障

市政府要根据全市经济社会发展状况,积极贯彻“政府宏观调控为主,全社会共同参与”的方针,努力加大生态建设资金投入,制定一系列优惠政策来鼓励社会投资和民间投资,确保各项生态建设工程的实施。第一、政府加大对基础性的设施和产业的投入;第二、建立市场化投融资机制,提高投融资效率;第三、积极争取上级政府和部门的支持,加强与国内外环保组织的合作。

第四节 实施手段与技术保障

第一、完善信息网络,鼓励引进和推广环境友善技术;第二、大力进行人才培养,加强与高校和科研单位合作。

第五节 社会监督和公众参与

第一、加强宣传教育,增强公民的生态环境意识;第二、鼓励公众参与生态环境问题的决策及监督。

第六节 加强制度与科技创新研究

平湖生态市建设任务重、难度较大,必须突破传统的思维模式,突破僵化的运行机制,建立健全创新机制,激励全社会大胆创新、勇于开拓,广泛开展生态市建设的制度与科技创新研究,加强与高等院校和科研院所的合作,不断引进和开发生态市建设急需的新技术和新机制。建议近期着重加强以下几个方面的研究:

1.客水污染治理和区域协调问题研究;

2.高速公路与市域空间协调研究;

3.生态农业的种植模式和组织模式研究;

4.河道生态环境保护技术与机制研究；

5.临港型产业、重化工产业与污染控制的关系问题；

6.土地、水资源配置机制研究；

7.吸引民间资本参与基础设施建设的机制和政策；

8.提高生态经济效率的目标和指标体系研究；

9.污水处理技术、人工生态绿地技术、自然堆肥技术；

10.太阳能、风能开发与海水淡化相结合的综合技术研究与推广；

11.平原水网地区原有水脉切断后对水环境的影响研究。

第九章 附 则

平湖生态市建设规划由规划文本、说明文本和规划图片组成，三者具有同等效力，规划说明文本是对平湖市经济、社会与生态环境发展状况的深入分析和对规划的具体说明。

本规划由嘉兴市生态办组织评审，由平湖市人大常委会批准。

本规划由平湖市人民政府组织实施。

附表1 平湖生态市建设规划指标体系

	序号	名称	单位	生态市指标	2003年现状	2007年规划目标	2015年规划目标
经济发展	1	人均国内生产总值	元/人	≥33000	25597	45000	96000
	2	年人均财政收入	元/人	≥5000	2870	5000	10760
	3	农民年人均纯收入	元/人	≥11000	6086	7680	12250
	4	城镇居民年人均可支配收入	元/人	≥24000	13046	16500	26250
	5	单位GDP能耗	吨标煤/万元	≤1.2	0.91	0.8	0.6
	6	单位GDP水耗	M^3/万元	≤150	197	150	150
	7	主要农产品中有机及绿色产品的比重	%	≥20	—	≥20	≥30

续表

	序号	名称	单位	生态市指标	2003 年现状	2007 年规划目标	2015 年规划目标
环境保护	8	森林覆盖率	%	≥18	10.7	15	≥18
	9	受保护地区占国土面积比例	%	≥15	13.45	15	18
	10	退化土地恢复率	%	≥90	100	100	100
	11	空气环境质量	达到功能区标准	达到功能区标准	达标	达标	达标
	12	水环境质量 近岸海域水环境质量			改善	未达标	达标
	13	噪声环境质量			达标	达标	达标
	14	化学需氧量(COD)排放强度	千克/万元(GDP)	<4.5,且不超过国家总量控制指标	4.04	≤4	≤4
	15	城镇生活污水集中处理率 工业用水重复率	%	≥60 ≥40	0 11.04	60 40	≥80 ≥60
	16	城镇生活垃圾无害化处理率 工业固体废物处置利用率	%	100 ≥80,无危险废物排放	100 —	100 100	100 100
	17	城镇人均公共绿地面积	M²	≥12	11.80	13	18
	18	旅游区环境达标率	%	100	100	100	100
	19	农村生活用能中新能源所占比例	%	≥30	—	30	35
	20	秸秆综合利用率	%	100	98.8	100	100
	21	规模化畜禽养殖场粪便综合利用率	%	≥90	78	90	95
	22	农用塑料薄膜回收率	%	≥90	92.6	95	≥98
	23	农林病虫害综合防治率	%	≥80	73.1	80	85
	24	化肥施用强度(折纯)	千克/公顷	<250	278.5	<250	<250
	25	集中式饮用水源水质达标率 村镇饮用水卫生合格率	%	100 100	0 92.8	100 100	100 100
	26	农村卫生厕所普及率	%	100	89.48	95	100
	27	农村污灌达标率	%	100	无污灌,达标	达标	达标
	28	农业生产系统抗灾能力(受灾损失率)	%	<10	—	<10	<8

续表

	序号	名称	单位	生态市指标	2003 年现状	2007 年规划目标	2015 年规划目标
社会进步	29	人口自然增长率	‰	0.6	-0.40	<0.6	<0.6
	30	初中教育普及率	%	≥99	99.98	≥99	≥99
	31	城市化水平	%	50	48.1	50	56
	32	恩格尔系数	%	<40	37.2(城镇) 41.0(农村)	<40 <40	<40 <40
	33	贫困人口比例	%	<0.2	—	<0.2	<0.2
	34	基尼系数		0.3—0.4	0.3	0.3	0.3
	35	环境保护宣传教育普及率	%	>85	34.5	85	90
	36	公众对环境的满意率	%	>95	—	95	96

附表 2　平湖生态市建设重点工程项目

类别		基本内容	计划投资额（亿元）	完成进度		投资类别		责任单位
				近期（亿元）	远期（亿元）	市场融资（亿元）	公共投资（亿元）	
先进制造业基地及生态工业建设	1	建设两大龙头产业群(光机电、临港型),提升平湖整体产业层次。临港型工业要高起点、大投入、严格控制准入标准,不以牺牲环境为代价。	150	150	—	150	—	经贸局、平湖经济开发区管委会、滨海地区城乡统筹委员会
	2	建设三大优势产业(服装、造纸、箱包),加强传统产业改造,发展循环经济,推行废弃物资源化利用。	80	80	—	80	—	经贸局
	3	发展五个新兴特色制造业(童车、洁具、医药、家具、机械五金),坚持环境保护“三同时”制度,提高经济与环境综合效益。	20	20	—	20	—	经贸局
	4	平湖经济开发区生态工业园区基础设施建设项目	4	4	—	1.5	2.5	平湖经济开发区管委会
	5	杭州湾滨海地区基础设施建设项目（包括污水管网及处理等环境设施）	3.2	2.2	1	1	2.2	滨海地区城乡统筹委员会
	6	乍浦经济开发区基础设施建设项目（包括污水管网及处理等环境设施）	2	2	—	0.5	1.5	乍浦经济开发区管委会
	7	工业清洁生产工程(15 家)	0.15	0.15	—	0.15	—	经贸局
	8	工业三废的综合利用和污染控制工程	2.95	2.95	—	2.95	—	环保局

类别		基本内容	计划投资额（亿元）	完成进度		投资类别		责任单位
				近期（亿元）	远期（亿元）	市场融资（亿元）	公共投资（亿元）	
都市型生态农业建设	1	绿色食品基地、省市级无公害农产品基地建设项目	1.7	0.5	1.2	1.56	0.14	农经局
	2	休闲和观光农业基地（全塘多凌森源农林生态园、曹桥台湾风情园、黄姑永成园艺和双龙葡萄园等）	1.4	0.5	0.9	1.1	0.3	全塘镇、黄姑镇、曹桥街道
	3	农业产业化工程(现代农业示范园区、生态牧业示范园区、农产品加工园区)	2.5	0.9	1.6	1.9	0.6	农经局、林埭镇、新仓镇、当湖街道
	4	现代农业技术推广工程(培训工程、农村信息化工程、农业综合防治工程、农业标准化推广工程、沃土工程)	0.64	0.26	0.38	0.33	0.31	农经局
	5	农业污染控制工程(农产品安全检测工程、畜禽粪便污染治理和综合利用工程、农田白色污染治理工程)	0.41	0.18	0.23	0.2	0.21	农经局
	6	农业废弃物综合利用(秸秆利用、蘑菇废料利用等)	0.2	0.05	0.15	0.15	0.05	农经局
现代服务业建设	1	九龙山省级旅游度假区	36.28	15.63	20.65	34.84	—	九龙山旅游度假区管委会
	2	澳多奇农庄	0.16	0.16	—	0.16	—	旅游局
	3	汉爵大酒店(建成绿色饭店)	2.5	2	0.5	2.5	—	旅游局
	4	平湖市(国际)服装交易中心	8	4	4	8	—	经贸局
	5	平湖市建材装潢市场	1.5	1.5	—	1.5	—	经贸局
	6	嘉兴乍浦港口仓储物流建设项目	1.2	1.2	—	1.2	—	乍浦港港务局
	7	旅游资源保护和建设工程	0.8	0.8	—	0.8	—	旅游局

类别		基本内容	计划投资额（亿元）	完成进度		投资类别		责任单位
				近期（亿元）	远期（亿元）	市场融资（亿元）	公共投资（亿元）	
城乡一体化工程	1	医疗单位污水处理与医疗废弃物的集中收集处置项目	0.25	0.25	—	—	0.25	卫生局
	2	东湖区综合性医院新建项目	0.8	0.8	—	0.8	—	卫生局
	3	城乡社会保障体系建设（新型农村合作医疗、医疗保险、最低工资保障、失业救济等）	8	3	5	2	6	卫生局、劳动保障局及各镇(街道)
	4	城乡交通设施建设工程(包括路网绿化)	6	6	—	2	4	交通局
	5	城乡供水建设项目(管网供水、古横桥水厂、广陈水厂)	4.69	4.39	0.3	4.39	0.3	建设局
	6	城乡生活垃圾集中收集处理	0.23	0.10	0.13	—	0.23	城管办
	7	东部污水集中处理	3	1	2	1	2	滨海地区城乡统筹委员会
	8	西部污水集中处理	1.3	1.3	—	1.3	—	建设局
	9	10个省级“全面小康示范村”的基础设施建设	0.5	0.5	—	—	0.5	农经局
	10	城乡供电设施	11.2	4	7.2	11.2	—	供电局
	11	平湖亿达热电有限公司利用服装、箱包边角料和燃煤混合作燃料发电,热电联产项目	1.26	1.26	—	1.26	—	经贸局
	12	嘉兴荣晟热电有限公司热电联产项目	1	1	—	1	—	嘉兴荣晟热电有限公司

类别		基本内容	计划投资额（亿元）	完成进度		投资类别		责任单位
				近期（亿元）	远期（亿元）	市场融资（亿元）	公共投资（亿元）	
城乡一体化工程	13	平湖热电厂三期工程(推行清洁生产)	2.88	2.88	—	2.88	—	平湖热电厂
	14	平湖杭州湾滨海热电有限公司（推行清洁生产）	6.2	6.2	—	6.2	—	平湖杭州湾滨海热电有限公司
	15	平湖景丰纸业有限公司热电联产项目（推行清洁生产）	2.65	2.65	—	2.65	—	平湖景丰纸业有限公司
	16	城市天然气管网供气项目	1.85	1.85	—	1.85	—	发计局
	17	城市道路与旧城改造项目（环城北路南北沿河两侧改造、县后底改造、松枫台改造）	1.1	1.1	—	1.1	—	建设局
	18	城乡景观结构和城镇绿色(景观、东湖风景区开发、城市绿地、广场38000平方米)	13.1	10.2	2.9	11	2.1	园林处、建设局
资源保护和环境恢复工程	1	市区、乡村河道综合整治	6.95	3.95	3.00	5.75	1.2	平湖市市区河道整治领导小组、各镇(街道)
	2	平原绿化工程	6.71	4.15	2.56	6.05	0.66	农经局
	3	重要水环境恢复和引水工程(待定)	0	0	0	0	0	水利局
	4	规范化的饮用水源保护区建设	0.5	0.5	—	—	0.5	环保局
	5	平湖市白沙湾至水口治江围涂工程	7.92	5.6	2.32	7.2	0.72	水利局

类别		基本内容	计划投资额（亿元）	完成进度		投资类别		责任单位
				近期（亿元）	远期（亿元）	市场融资（亿元）	公共投资（亿元）	
资源保护和环境恢复工程	6	平湖市标准农田建设项目与农业地质环境调查项目	1.56	1.56	—	—	1.56	国土资源局
	7	冰蓄能空调技术推广应用工程(服装企业)	0.6	0.6	—	0.4	0.2	经贸局
	8	太阳能推广利用工程	0.2	0.05	0.15	—	0.2	经贸局
	9	防灾及紧急救援体系建设	1.5	0.5	1	—	1.5	市府办
	10	海洋捕捞渔船转产转业工程	0.6	0.5	0.1	—	0.6	沿海各镇、海洋与渔业局
	11	海洋综合管理系统建设工程	0.1	0.03	0.07	—	0.1	海洋与渔业局
	12	海洋环境保护工程	0.1	0.03	0.07	—	0.1	海洋与渔业局
人力资源与科技创新能力建设	1	新世纪人才工程	0.15	0.05	0.1	—	0.15	人事局
	2	平湖科技创业中心	1	1	—	—	1	科技局
	3	平湖环保省级区域科技创新服务中心（平湖环保生产力促进中心）	0.15	0.05	0.1	0.07	0.08	科技局
	4	公务员管理能力培训项目	1.5	0.5	1	—	1.5	人事局
	5	人口素质教育与继续教育体系建设	3	1	2	—	3	教育局、人事局、劳动保障局

类别		基本内容	计划投资额（亿元）	完成进度		投资类别		责任单位
				近期（亿元）	远期（亿元）	市场融资（亿元）	公共投资（亿元）	
生态文化建设工程	1	历史文化遗迹保护工程与民俗与民间艺术的挖掘与整理项目	1.2	0.2	1	—	1.2	文体局
	2	全社会生态文化工程（绿色学校、绿色企业、绿色饭店、绿色社区、绿色医院、绿色家庭、保护“母亲河”号创建活动等）	0.8	0.8	—	0.7	0.1	教育局、环保局、旅游局、文明办、卫生局、市妇联、团市委
	3	生态村、生态镇建设	2	2	—	1.5	0.5	各镇(街道)
	4	平湖游泳馆	0.33	0.33	—	—	0.33	文体局
	5	平湖多功能影剧院	0.4	0.4	—	—	0.4	文体局
合　计			422.87	361.26	61.61	382.64	40.23	

后 记

《平湖市环境保护志》系根据平湖市政府关于第二轮修志工作的部署和要求而编纂。

《平湖市环境保护志》的编纂工作始于 2011 年 7 月,设置基本框架结构,广泛收集资料,反复查阅历史档案,多次走访知情人员,对数据资料的运用,反复核实,力求准确。在编纂中,力求文字精炼、表式规范,以确保文能达意、客观真实。2013 年 11 月,《平湖市环境保护志》初稿形成,报送最早在环保部门工作的 10 多名局领导、中层骨干及退休老同志阅改,广泛听取意见,数次修改补充。2014 年 11 月,完成《平湖市环境保护志》(送审稿)的编纂工作,送市史志部门及有关领导再次征求意见。作进一步修改后,经《平湖市环境保护志》编纂委员会审定,付梓出版。

本志在编写过程中,得到市史志办、市档案局、市规划建设局等有关部门和相关单位的大力支持和帮助;环保局各科室、环境监测站、环境监察大队给予协助和配合;叶伯诚、季长泉、潘伟群、张善贤等先生,为修志人员回忆历史,提供资料、照片,热情相助;郭杰光、杨补培先生对志书篇目的调整优化、章节梳理、内容补充、文字提炼等给予了热情指导帮助。在此,一并致谢。

《平湖市环境保护志》是平湖有史以来第一部环境保护专业志。环保工作的起步和发展历史不长,由于城市建设中环保部门几经迁址,史料散失,残缺不全,再加上修志人员初涉志途,水平有限,难免有疏漏不足之处,敬请专家、同行、读者批评指正。

编 者

2016 年 5 月